Semiconductor Science Classroom: A Wonder Story on a Tiny Chip

The U.S. and China, the world's two largest economies, have been in a trade war since 2018. The two countries are trying to outdo each other in semiconductor technology. South Korea and Taiwan, sandwiched between the two countries, are scrambling to stay out of harm's way.

Semiconductors are essential components for products that utilize electricity, such as computers, smartphones, home appliances, and automobiles. They have also become an important industry that can determine the fate of a nation as information and communication technologies such as artificial intelligence, the Internet of Things, and big data have developed significantly.

What is a semiconductor? It's not easy for even experts to say, "This is what a semiconductor is," because it's such a complex and challenging technology. It's not something you learn about in class, so why should children know about semiconductors? It's because semiconductors can affect many things that can shape our future.

Going forward, let's learn about semiconductors. Once you get acquainted with some of the unfamiliar words in this book, you'll be able to understand what semiconductors are, what they're used for, how they're made, why companies invest so much money and time in semiconductor technology, and why so many countries are trying to outdo each other with them.

Future scientists, you're invited to 《Semiconductor Science Classroom: A Wonder Story on a Tiny Chip》!

In the Text

- *What is a semiconductor?*
- *An electronic circuit that performs better the smaller it gets*
- *Front-end process and Back-end process*
- *Limitless challenges for semiconductors*
- *The future of complex semiconductors*

작은 칩에 담긴
거대한 이야기,

반도체 과학 교실

과학생각 07

작은 칩에 담긴 거대한 이야기, 반도체 과학 교실

Semiconductor Science Classroom: A Wonder Story on a Tiny Chip

1판 1쇄 | 2025년 3월 10일

글 | 이영란
그림 | 박상훈

펴낸이 | 박현진
펴낸곳 | (주)풀과바람
주소 | 경기도 파주시 회동길 329(서패동, 파주출판도시)
전화 | 031) 955-9655~6
팩스 | 031) 955-9657
출판등록 | 2000년 4월 24일 제20-328호
블로그 | blog.naver.com/grassandwind
이메일 | grassandwind@hanmail.net

편집 | 이영란
디자인 | 박기준
마케팅 | 이승민

값 14,000원
ISBN 979-11-7147-112-6 73500

※ 잘못 만들어진 책은 구입처에서 바꾸어 드립니다.

제품명 작은 칩에 담긴 거대한 이야기, 반도체 과학 교실 | **제조자명** (주)풀과바람 | **제조국명** 대한민국
전화번호 031)955-9655~6 | **주소** 경기도 파주시 회동길 329
제조년월 2025년 3월 10일 | **사용 연령** 8세 이상
KC마크는 이 제품이 공통안전기준에 적합하였음을 의미합니다.

⚠ **주의**

어린이가 책 모서리에
다치지 않게 주의하세요.

작은 칩에 담긴
거대한 이야기,

반도체 과학 교실

이영란 글 · 박상훈 그림

풀과바람

머리글

2018년부터 중국과 미국은 등지고 지내며 상대보다 한 발 더 앞서기 위해 갖가지 방법을 짜내고 있어요. 이 두 나라 사이에 끼어 버린 한국과 대만은 피해를 보지 않기 위해 전전긍긍하고 있지요.

미국과 중국 사이에 한국과 대만이 낀 이유는 반도체 때문이에요. 반도체는 컴퓨터, 스마트폰, 가전제품, 자동차 등 전기에너지를 이용하는 제품들에 꼭 필요한 부품이에요. 또한 인공지능, 사물인터넷, 빅데이터 같은 정보통신 기술이 두드러지게 발전하면서 국가의 운명을 좌우할 정도로 중요한 산업이 됐지요.

반도체란 뭘까요? 전문가조차도 '반도체는 이것이다.'라고 한마디로 설명하기는 쉽지 않아요. 그만큼 복잡하고 까다로운 기술이기 때문이죠. 그렇다면 어린이 친구들은 왜 반도체에 대해 알아야 할까요? 수업 시간에 배우는 것도 아닌데 말이죠. 그것은 반도체가 여러분의 앞날을 결정할 많은 일에 영향을 끼칠 수 있기 때문이에요.

여러분에게 '반도체'에 대해 알려 주려고 공부하다 보니 자주 등장하는 낯선 단어들이 있다는 것을 깨달았어요. 그 말뜻만 알아도 반도체가 어떤 특성을 가졌고 어떻게 쓰이는지, 어떻게 만들어지는지, 반도체 기술에 왜 기업들이 엄청난 돈과 시간을 투자하는지, 왜 많은 나라가 반도체로 서로 앞서려고 하는지 어렴풋하게나마 이해할 수 있을 거라는 생각이 들었어요.

반도체에 대한 각각의 이야기가 시작될 때 몇몇 단어들을 추렸어요. 대부분 한자어라서 머릿속에 쏙쏙 남지는 않을 거예요. 반드시 알아둬야 할 필요도 없어요. 반도체에 관심을 두고 이 책을 펼치는 동안에만 기억하면 돼요. 낱말 풀이를 잘 기억하면서 이야기를 따라가다 보면 반도체 속을 탐험하는 듯한 기분이 들지도 몰라요. 여러분 머릿속 D램이 작동하는 순간, 반도체 속 정글이 눈앞에 펼쳐질 거예요.

이영란

차례

01 흐를 때도 있고 멈출 때도 있고

반도체는 전기를 에너지로 사용하는 모든 제품에 들어 있어요. 전기 코드와 콘센트만 있으면 되는 줄 알았는데, 반도체가 뭐라고 꼭 필요할까요?

쪼갤 수 없는 물질

수천 년 전에 살았던 동양과 서양의 고대인들은 조금 차이는 있기는 해도 세상의 모든 물질은 흙, 불, 물, 공기의 4대 **원소**로 이루어졌다고 여겼어요. 서양에서 이것을 정리한 사람은 그리스의 철학자 엠페도클레스예요. 100년쯤 뒤에 아리스토텔레스는 이 네 가지 원소에 특유한 성질인 뜨거움, 차가움, 습함, 건조함이 어우러져 물질이 된다고 했어요.

중세의 연금술사들은 이 원소를 적절한 비율로 섞으면 구리나 철 같은 금속을 최고의 물질인 금으로 바꿀 수 있다고 믿었어요.

현대에 '원소'는 화학적인 방법으로 더는 쪼갤 수 없는 순수한 물질이자, 모든 물질을 이루는 기본 요소로 정의돼요.

원소 : 세상에 있는 모든 것을 이루는 기본적인 물질. 화학적으로 더는 분해할 수 없는 기본적 물질.

축구공 옆 파리 같은

원자를 자세히 들여다보면, 원자핵 주위에 **전자**가 있어요. 원자핵과 전자의 크기를 비교해 보면, 축구공 주변을 도는 파리 정도라 할 수 있어요.

원자핵은 중성자와 전기적 특성을 띠는 양성자로 이루어져 있어요. 이 사이에 특수한 힘이 작용해서 이 둘을 하나로 뭉치게 하지요.

물체를 문질러서 마찰을 일으키면 전기 현상을 일으켜요. 이때 '**전하**'를 띤다고 하고, 전하가 이동하는 것이 '전류'예요. 전하는 음전하와 양전하로 나뉘는데, 성질이 같으면 서로 밀어내고 다르면 서로 끌어당겨요. 원자핵은 양전하를 띠고, 전자는 음전하를 띠므로 서로 끌어당기고 있어요. 이 상태에서는 아무 일도 일어나지 않아요.

전자 : 원자핵 주변을 도는 작은 알갱이로, 전기 현상을 일으킴.
전하 : 전기를 띠고 있는 실체.

같은 듯 다른, 원자와 원소

여기서 잠깐, 원자와 원소는 어떤 차이가 있을까요? 언뜻 이 둘은 같아 보여요. 원소는 물질의 화학적 특징을 가진 가장 작은 요소예요. 수소와 산소는 그 특징이 다르지요. 원자는 원소의 성질을 가진 가장 작은 알갱이를 말해요.

물을 예로 들면, 수소 원자 2개와 산소 원자 하나로 이루어진 분자예요. 원자 알갱이가 3개이지요. 한편, 각기 다른 화학적 특징을 가진 수소와 산소라는 원소 두 종류로 구성돼요. 정리해 보면, 물 분자는 원소 2개, 원자 3개로 이루어졌답니다.

문지르고 비비니 찌릿찌릿

물체를 비벼서 마찰을 일으키면, 원자의 주변을 돌던 전자가 다른 물체로 쉽게 옮겨가기도 해요. 전자가 이동하면서 전하도 달라지는데, 전하가 흐르지는 않고 물체에 머물러 있다고 해서 '정전기'라고 해요. 정전기는 전압이 수만 V(볼트)에 달해요. '전압'은 전류를 흐르게 하는 힘이에요. 집에서 사용하는 가전제품의 전압이 220V인 것에 비하면 어마어마하지만, 정전기는 흐르지 않고 가만히 있는 상태이므로 위험하지 않아요.

모든 물체의 비밀

원소는 모든 물질을 이루는 기본 성분이므로, 모든 물질은 원자핵과 전자를 가지고 있어요. 다시 말해, 양전하와 음전하를 가지고 있으므로, 전기 현상을 일으킬 수 있다는 뜻이에요. 그런데도 어떤 것은 전기가 흐르지 않아요. 그 이유는 양전하와 음전하가 서로 균형을 이뤄 끌어당기고 있기 때문이에요.

인력(서로 끌어당기는 힘)

척력(서로 밀어내는 힘)

고무나 나무도 전기가 흐를까?

혹시 전기가 흐르지 않는 고무 같은 것도 전기 현상을 일으킬 수 있는지 궁금한가요? 고무는, 원자핵과 전자의 결합이 강해서 전자가 멀리 떠나지 못해요. 전류가 흐르도록 전압을 가해도 전자는 원자핵 주위에 있을 뿐이지요. 따라서 전기가 흐르지 않아요. 이런 성질을 가진 물질을 '부도체'라고 해요.

어떤 게 도체이고 부도체일까?

부도체라고 해서 전기가 완전히 통하지 않는 건 아니에요. 아주 강한 전압을 보내면 큰 전류가 흘러 전기가 통해요. 부도체인 나무에 번개가 내리쳐서 불꽃이 튀는 경우가 바로 그것이지요.

반면, 금속 같은 물질은 원자핵과 전자의 결합이 약해서 전자가 쉽게 이동해요. 전자가 움직이는 건 음전하가 이동한다는 뜻이에요. 전하가 움직여 전류가 생기면 전기가 흘러요. 이러한 물질을 '도체'라고 해요.

반도체의 정체와 진짜 이름

이쯤 되면 '반도체'가 무엇인지 미루어 짐작할 수 있어요. 해답은 반도체의 '반'에 있어요. 말 그대로 부도체와 도체의 절반쯤 되는 성질을 가졌답니다. 반도체는 어떤 때는 부도체였다가 어떤 때는 도체가 되는 물질이에요. 전기가 통할 때도 있고, 안 통할 때도 있지요.

"반도체는 스마트폰 같은 제품에 들어가는 부품 아닌가요?" 이렇게 묻고 싶은 친구도 있을 거예요.

전자제품의 부품으로 쓰이는 반도체의 진짜 이름은 'IC(집적회로)' 또는 '칩'이에요. IC 또는 칩을 만드는 바탕 재료의 특성 때문에 반도체라고 하지요. 정확하게는 반도체 물질을 이용해서 아주 작은 전자부품을 전기가 흐르는 통로인 회로를 따라 오밀조밀하게 모으고 쌓은 것을 플라스틱으로 포장한 거예요.

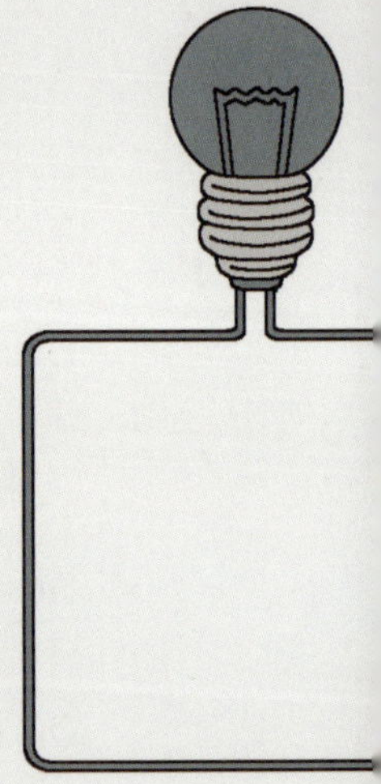

도체

전기가 통하는 물질.

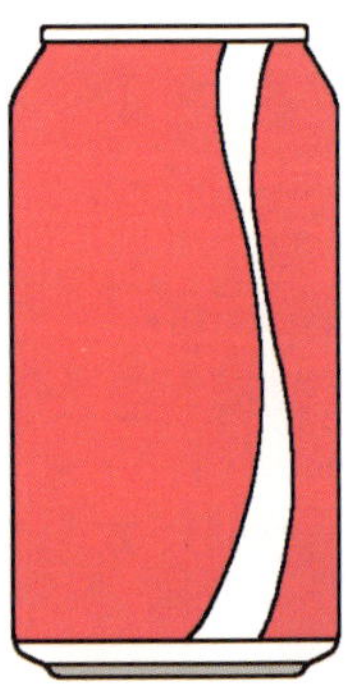

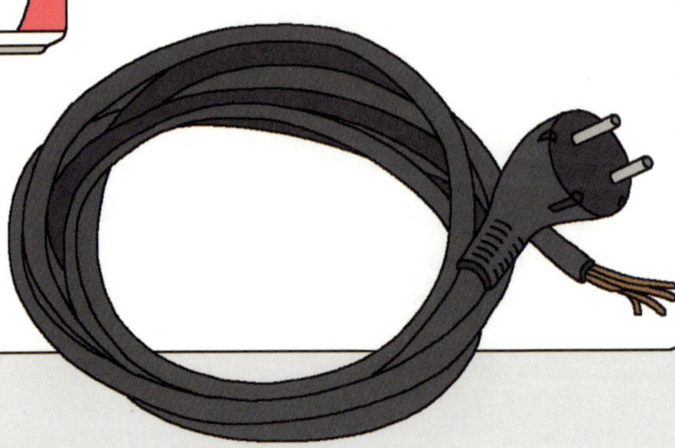

부도체

전기가 통하지 않는
물질.

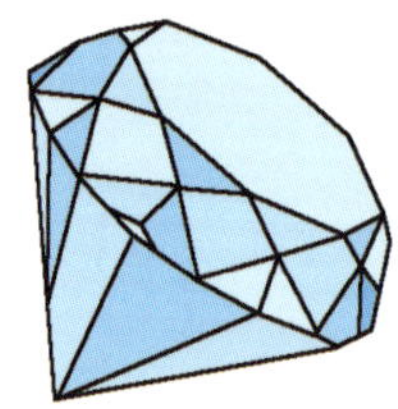

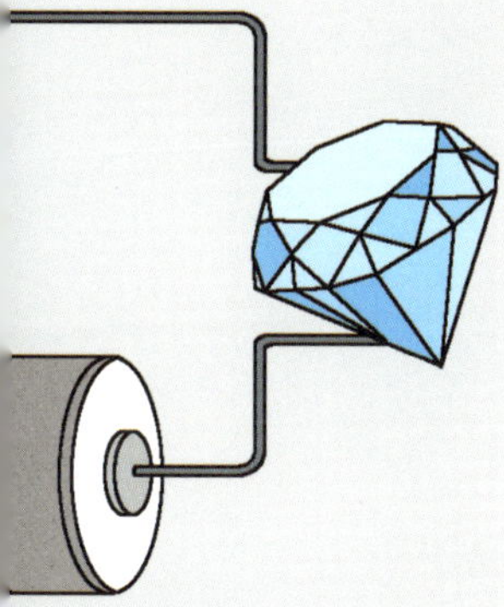

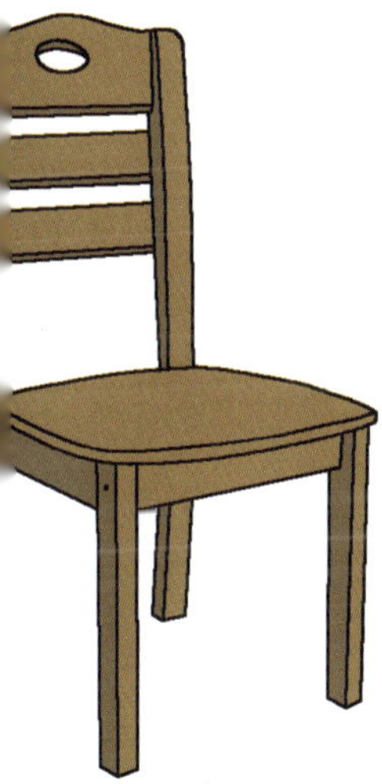

반도체

도체와 부도체의 중간 성질을 가진 물질.

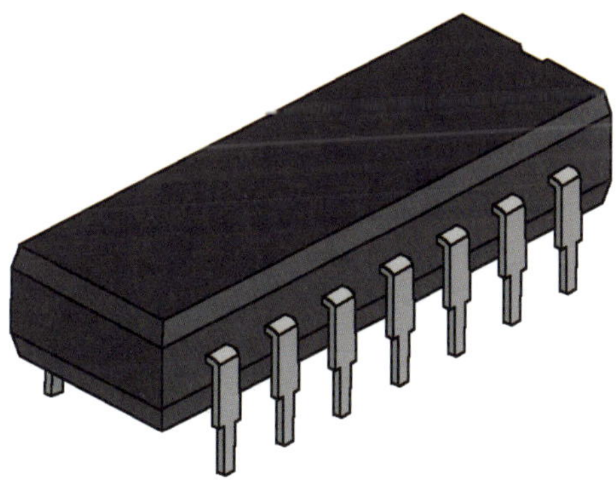

반도체 물질 찾기

그렇다면 반도체 물질은 어디에 있을까요? 달에 가서 구해야 할까요? 먼 우주 어느 행성에 있는 걸까요? 구하기가 쉽지 않으니, 미국과 중국이 먼저 반도체 기술을 차지하려고 다투는 건 아닐까요?

칩을 만드는 반도체 물질은 지구 어디에서든 구할 수 있어요. 모래, 바위, 흙 속에 얼마든지 있지요. 모래 속에는 하얗게 반짝이는 알갱이가 있어요. 바로 유리의 재료인 '석영'으로, 산소와 규소로 되어 있어요. 규소가 반도체 물질이에요. 영어로 '실리콘'이라고 해요.

반도체 물질, 규소

'규소'는 지구의 가장 바깥층인 지각에 산소 다음으로 많아요. 규소는 고체 상태일 때 전압을 걸어 주면 아무 일도 일어나지 않아요. 부도체 상태인 거죠.

원소주기율표를 보면, 가로로 1~18번까지 숫자가 있는데, 이 중에 14번에 탄소(C), 규소(Si), 게르마늄(Ge), 주석(Sn), 납(Pb), 플레로븀(Fl)이 나란히 있어요. 바로 탄소족 원소들이에요. 여기서 '족'은 가족을 뜻하는데, 같은 성질을 가지고 있죠. 탄소족 원소들은 반도체 성질을 가지고 있어요. 이 중에 규소가 구하기가 쉽고 저렴해서 반도체 재료로 쓰여요.

반도체가 도체가 되는 비밀, 전자

원소주기율표는 각각의 원소마다 번호가 붙어 있어요. 이것은 전자 개수를 뜻해요. 원자번호가 14인 규소의 전자 개수는 14개예요. 또 주기라고 해서 세로줄에도 숫자가 있는데, 전자껍질의 개수를 말해요. 규소의 전자 14개는 3개의 전자껍질에 나뉘어 있어요. 첫 번째 전자껍질에 2개, 두 번째 전자껍질에 8개, 마지막 세 번째 전자껍질에 4개가 있지요.

탄소족 원소들은 가장 바깥쪽 전자껍질에 전자가 4개 있다는 공통점이 있어요. 원자번호 32인 게르마늄은 전자 개수가 32개이고, 전자껍질은 4개이며, 가장 바깥쪽인 네 번째 전자껍질에 전자 4개가 있어요.

한편, 탄소족과 이웃한 13번 붕소족 원소는 가장 바깥쪽 전자껍질에 전자 3개가 있어요. 15번 질소족 원소는 전자 5개가 가장 바깥쪽에 있답니다.

반도체를 도체로 만드는 두 가지 방법

규소를 전기가 통하는 도체가 되게 하려면, 규소의 전자를 움직이게 하는 물질을 넣어 줘야 해요. 규소가 속한 탄소족 왼편으로 13번 붕소족이 있고, 오른편에는 15번 질소족이 있어요. 각기 성질이 다른 물질이 섞이면 가장 바깥쪽 전자끼리 맞잡으려고 해요.

탄소족과 붕소족 또는 탄소족과 질소족 원소가 만나면 바깥쪽 전자껍질에 있는 전자의 개수가 달라서 전자가 하나 남아요. 이렇게 남은 전자를 '자유전자'라고 해요. 여기저기 자유롭게 이동할 수 있다는 뜻이지요. 전기는 전자가 이동할 때 생기므로, 자유전자가 생기면 전기가 흐르게 돼요.

규소 원소가 질소족 원소인 비소(As)를 만나면, 바깥쪽에 있는 각각의 전자가 하나씩 짝을 이루다가 비소의 전자만 남아서 자유전자가 돼요. 규소와 붕소족 원소가 만나면 어떻게 될까요? 붕소족 원소의 전자 3개가 규소의 전자와 맞잡기에는 하나가 모자라요. 이 빈자리를 옆에 있는 전자가 채우려 해요. 전자가 빈자리를 채우기 위해 꼬리에 꼬리를 물고 움직이므로 전기가 흐르게 된답니다.

주기

1	원자 번호
H	원소 기호
수소	원소 이름

(하늘색)	금속 원소
(연두색)	비금속 원
(분홍색)	준금속 원
(파란색)	2016년

주기 \ 족	1	2	3	4	5	6	7	8	9
1	1 H 수소								
2	3 Li 리튬	4 Be 베릴륨							
3	11 Na 소듐/나트륨	12 Mg 마그네슘							
4	19 K 포타슘	20 Ca 칼슘	21 Sc 스칸듐	22 Ti 타이타늄	23 V 바나듐	24 Cr 크로뮴	25 Mn 망가니즈	26 Fe 철	27 Co 코발트
5	37 Rb 루비듐	38 Sr 스트론튬	39 Y 이트륨	40 Zr 지르코늄	41 Nb 나이오븀	42 Mo 몰리브데넘	43 Tc 테크네튬	44 Ru 루테늄	45 Rh 로듐
6	55 Cs 세슘	56 Ba 바륨	57-71 란타넘족	72 Hf 하프늄	73 Ta 탄탈럼	74 W 텅스텐	75 Re 레늄	76 Os 오스뮴	77 Ir 이리
7	87 Fr 프랑슘	88 Ra 라듐	89-103 악티늄족	104 Rf 러더포듐	105 Db 더브늄	106 Sg 시보귬	107 Bh 보륨	108 Hs 하슘	109 Mt 마이트

란타넘족	57 La 란타넘	58 Ce 세륨	59 Pr 프라세오디뮴	60 Nd 네오디뮴	61 Pm 프로메튬	62 Sm 사마륨	63 Eu 유로
악티늄족	89 Ac 악티늄	90 Th 토륨	91 Pa 프로트악티늄	92 U 우라늄	93 Np 넵투늄	94 Pu 플루토늄	95 Am 아메리

율표

가된 원소

10	11	12	13	14	15	16	17	18
								2 He 헬륨
			5 B 붕소	6 C 탄소	7 N 질소	8 O 산소	9 F 플루오린	10 Ne 네온
			13 Al 알루미늄	14 Si 규소	15 P 인	16 S 황	17 Cl 염소	18 Ar 아르곤
28 Ni 니켈	29 Cu 구리	30 Zn 아연	31 Ga 갈륨	32 Ge 게르마늄	33 As 비소	34 Se 셀레늄	35 Br 브로민	36 Kr 크립톤
46 Pd 팔라듐	47 Ag 은	48 Cd 카드뮴	49 In 인듐	50 Sn 주석	51 Sb 안티모니	52 Te 텔루륨	53 I 아이오딘	54 Xe 제논
78 Pt 백금	79 Au 금	80 Hg 수은	81 Tl 탈륨	82 Pb 납	83 Bi 비스무트	84 Po 폴로늄	85 At 아스타틴	86 Rn 라돈
110 Ds 름슈타튬	111 Rg 뢴트게늄	112 Cn 코페르니슘	113 Nh 니호늄	114 Fl 플레로븀	115 Mc 모스코븀	116 Lv 리버모륨	117 Ts 테네신	118 Og 오가네손

64 Gd 돌리늄	65 Tb 터븀	66 Dy 디스프로슘	67 Ho 홀뮴	68 Er 어븀	69 Tm 툴륨	70 Yb 이터븀	71 Lu 루테튬
96 Cm 퀴륨	97 Bk 버클륨	98 Cf 캘리포늄	99 Es 아인슈타이늄	100 Fm 페르뮴	101 Md 멘델레븀	102 No 노벨륨	103 Lr 로렌슘

02 작을수록 성능이 좋아지는 마법

전기가 통하는 도체가 된 반도체 물질은 기계 속에서 어떤 역할을 할까요?

컴퓨터는 거대한 계산기

반도체가 들어가는 대표적 기계인 컴퓨터는 영어로 'computer'라고 써요. computer는 compute에서 온 말로, '계산하다'라는 뜻이에요. 실제로 최초의 컴퓨터라고 불리는 에니악은 계산하기 위해 만들어졌어요. 컴퓨터는 계산기에서 발전한 것임을 알 수 있지요.

최초의 계산기는 프랑스의 수학자이자 과학자인 파스칼이 만들었어요. 여러 개의 톱니바퀴가 맞물려 돌아가며 덧셈과 뺄셈을 계산해냈지요. 이후에도 많은 기계식 계산기가 만들어졌는데, 그 모양이 커다란 보석상자나 빙수 기계, 타자기 같아요.

영국의 수학자인 찰스 배비지는 '컴퓨터의 아버지'라 불려요. 당시에는 기계를 만들 돈과 기술이 부족해서 완성하지 못했지만, 찰스 배비지가 만들려고 했던 계산기의 기초 구조가 현재의 컴퓨터와 거의 똑같답니다.

디지털 컴퓨터의 탄생

1946년에 미국에서 '에니악'이 만들어졌어요. 폭은 1m, 높이는 2.5m, 길이는 25m, 무게는 무려 30t이나 됐지요. 전선의 길이는 10km에 이르고, 키보드도 모니터도 없어요.

그래도 이전에 비하면 속도가 빨라져서 계산을 1초에 5천 번이나 할 수 있었어요. '천공카드'라는 종이에 구멍을 뚫어 정보를 저장할 수 있었지요. 하지만 오늘날의 컴퓨터와 달리 데이터 저장용량이 적었고, 일일이 손으로 연결선을 바꿔 줘야 했어요. 크기가 큰 만큼 전기를 어마어마하게 사용했어요. 에니악을 작동시키면 거리의 가로등이 희미해지고, 신호등이 꺼지곤 했어요.

포의 각도가 40도일 때
포탄이 얼마나 날아갈까?

당시 군대에서 포탄이 어디에 떨어지는지 위치를 계산하기 위해 에니악을 사용했다. 한 사람이 포탄의 궤도를 계산하는데 2~3일이 걸렸다면 에니악은 단 3초면 충분했다.

에니악은 위치 계산에 투입되었던 200명이 하던 일을 대신했다.

신호를 늘려라

에니악은 진공관을 사용한 최초의 컴퓨터예요. 1만 8800개의 진공관이 쓰였지요. 진공관은 공기가 없는 텅 빈 유리관에 음극과 양극의 두 전극을 넣어, 그 사이에 전류가 흐르도록 만든 장치예요. 백열전구와 원리가 비슷해요. 전기를 빛으로 바꾼 백열전구처럼, 진공관은 힘으로 바꾼다고 보면 돼요.

당시 멀리 떨어진 사람과 대화를 주고받을 수 없을까 하는 생각에서 전기신호를 사용하게 됐어요. 하지만 거리가 멀어질수록 전기신호가 약해지는 현상이 나타났어요. 이 신호를 크게 늘리기 위해 진공관이 개발됐지요. 진공관의 양극이 뜨거워지면 전자가 더 빨리 움직이게 되고 더 많은 전류가 흘러요.

반도체 역할을 한 진공관

진공관은 에니악 컴퓨터에서 반도체 역할을 했어요. 진공관 안에는 3개의 극이 있었어요. 전자를 받아들이는 양극, 전자를 내보내는 음극 그리고 음극을 감싸고 있는 그물망처럼 된 장치이지요. 음인 전자는 양과 짝을 지으려는 특성이 있으므로 음극에서 양극으로 흘러가요. 이때 음극을 감싸고 있는 그물망이 전자의 흐름을 간섭해요. 그물망에 높은 전압을 걸면 전자가 흐르지 못하고, 약간 낮은 전압을 걸면 전자가 이동해요. 즉, 그물망에 걸린 전압에 따라 부도체가 되기도 하고 도체가 되기도 해요.

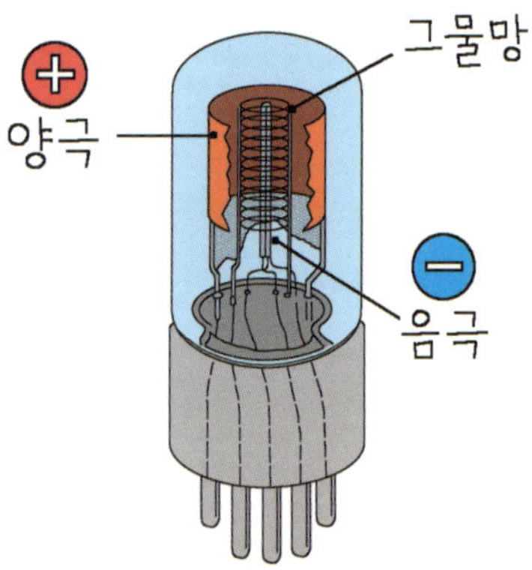

진공관의 구조

0과 1밖에 모르는 컴퓨터

컴퓨터는 숫자밖에 몰라요. 컴퓨터에 문자를 이해시키기 위해 '코드'라는 것이 발명됐어요. 문자를 숫자 0과 1을 써서 A는 01000001, ㄱ은 0001000000000000로 정하는 식이에요.

컴퓨터에서 0은 전기가 없다, 1은 전기가 있다로 기억해요. 즉, 반도체가 전기가 통하지 않는 부도체가 되면 0, 전기가 통하는 도체가 되면 1로 인식하는 거예요.

에니악의 진공관에서 전자가 지나가지 못해서 스위치가 꺼지면 0, 전자가 지나가서 스위치가 켜지면 1이 돼요. 천공카드에 구멍이 뚫려 있으면 1, 구멍이 없으면 0으로 정보를 저장했어요.

진공관에서 트랜지스터로

에니악의 문제는 진공관이 너무 많아서 작동시킬 때마다 엄청나게 뜨거워졌다는 거예요. 컴퓨터가 있는 곳은 찜질방 같았고, 진공관은 자주 터져버렸어요. 컴퓨터를 사용하기보다 진공관을 새것으로 바꾸는 데 시간이 더 걸렸죠.

1940년대에 미국의 물리학자인 윌리엄 쇼클리, 월터 브래튼, 존 바딘은 쉽게 깨지는 진공관을 대신할 부품을 연구했어요. 1947년 마침내 반도체 물질인 게르마늄을 이용해 트랜지스터를 개발했어요.

획기적으로 작아진 컴퓨터

트랜지스터를 발명한 세 사람은 1956년에 노벨 물리학상을 받았어요. 얼마나 대단한 발명이기에 노벨상까지 받았을까요?

트랜지스터에 사용된 게르마늄의 크기는 진공관의 220분의 1 정도로 아주 작았어요. 작은 게르마늄으로 된 판에 얇은 금 조각을 맞붙여 만든 트랜지스터는 아주 조금만 전류를 흘려보내도 더 많은 전류가 만들어졌어요. 진공관과 달리 쉽게 뜨거워지지도 터지지도 않았죠. 더는 도시의 가로등이 희미해지지 않았어요. 전기료도 적게 들었고요.

크기가 10nm(나노미터)인 오늘날의 트랜지스터보다는 꽤 크지만, 트랜지스터의 등장으로 라디오, 텔레비전, 컴퓨터 등의 크기는 파격적으로 작아졌어요. 건전지로 작동시킬 수 있는 휴대용 제품도 등장하게 됐고요.

발이 3개인 트랜지스터

트랜지스터는 진공관보다는 나았지만, 열에 약하고 잘 부서졌어요. 이후 더 좋게 고쳐 만들면서 발이 3개 달린 형태로 바뀌었어요. 트랜지스터의 발이 3개인 이유는, 반도체를 도체로 만드는 두 가지 방법이 사용되기 때문이에요.

자유전자가 많은 n형 반도체, 전자가 이동할 빈자리가 많은 p형 반도체가 이 3개의 발에 쓰여 n-p-n형, p-n-p형으로 만들어진 거예요. 스위치 역할을 하는 가운데 발만 다르고, 양옆의 두 개는 같아요. 가운데 발은 전류의 흐름을 **제어**해서 양쪽 발에 전기를 끊었다 붙였다 해요.

트랜지스터에 전압을 걸어 전기를 흘려보내면, 반도체 물질의 작용으로 자유전자가 많아지거나 전자가 빈자리를 찾아 이동하면서 전자의 흐름이 많아져요. 약한 전기가 더 세지는 '**증폭**' 작용이 일어나지요.

따라서 트랜지스터가 있으면 전기에너지 또는 전기신호가 증폭되어 기계는 일을 더 많이 그리고 오래 할 수 있어요.

제어 : 기계를 알맞게 움직이도록 조절하는 것.

증폭 : 빛, 전류, 소리 등의 떨림이 늘어나는 것.

모으고 쌓고 더 작아지고

트랜지스터로 전자제품의 크기가 작아졌지만, 기능이 다양해지고 복잡한 제품이 나오면서 아쉬운 점도 생겼어요. 트랜지스터는 여러 부품을 연결해야 하나의 제품을 만들 수 있어요. 그런데 전선이 끊어지거나 전선과 부품을 연결하는 부위가 망가지는 등 고장이 잦았어요.

미국의 공학자 잭 킬비는 여러 개의 전자부품을 하나의 작은 반도체 속에 넣는 방법을 개발했어요. 1958년에 게르마늄 칩 하나에 두 개의 트랜지스터를 모아 가느다란 금선으로 연결한 거예요. 여러 개의 부품을 모으고 쌓는다는 의미로 '집적회로(IC)'라고 해요. 게르마늄 칩과 트랜지스터가 전선을 대신했기에 고장은 거의 없었어요.

이후 반도체 물질인 게르마늄 칩 위에 트랜지스터와 여러 부품을 인쇄하듯이 찍어내면서 더 많은 부품을 하나로 모았어요. 더 작고 싸게 만들 수 있는 기술에 집중하며 수천, 수만 개의 부품을 **집적**한 회로가 만들어졌어요.

집적 : 모아서 쌓음.

새로운 반도체

한국의 강대원 박사는 1960년에 전기를 적게 쓰고 소자를 작게 만들 수 있는 집적회로용 트랜지스터인 '모스펫'을 개발했어요. 모스펫이 있어서 반도체 하나에 엄청나게 많은 소자를 집어넣고 많이 만들어낼 수 있게 됐어요.

'소자'는 반도체 같은 전자회로나 비슷한 장치에 주로 쓰이는 것으로 제각각 기능이 있는 부품을 말해요. 이를테면 전기신호를 증폭시키는 트랜지스터, 전기신호를 정리하는 부품인 다이오드, 전기적인 신호를 빛으로 바꾸는 LED(발광다이오드) 등이에요. 이 소자들은 반도체 속에 모두 넣을 수 있고, 각기 따로 일해요.

만일 모스펫이 없다면 책상에 놓인 컴퓨터를 작동시키는 데 1GW(기가와트), 원자력발전소 하나만큼의 전력이 필요하다고 해요.

기억과 연산

컴퓨터에는 크게 두 가지 종류의 반도체가 들어 있어요. 하나는 정보를 저장하는 것이고, 다른 하나는 컴퓨터가 일하게 하는 거예요. 수학 문제를 풀 때 우리의 뇌는 그 풀이에 필요한 구구단이나 공식을 떠올리고, 그것을 일정한 방식으로 계산해서 답을 구해요. 즉, 정보를 '기억'하고 그것에 따라 어떤 일을 할지 '연산'을 거쳐 결정하지요.

컴퓨터의 기억하는 기능은 메모리 반도체가 돕고, 연산하는 기능은 비메모리인 시스템 반도체가 도와요. 또 연산을 잘하려면 속도가, 기억을 잘하려면 크기가 중요해요.

숫자를 셀 때 손가락 10개를 꼽는 것과 두 개만 꼽는 것은 그 속도가 다르죠. 따라서 컴퓨터는 빠르게 계산하기 위해 0과 1의 두 개의 숫자만 사용하는 이진법을 써요.

또, 저장 공간의 크기가 클수록 많은 정보를 넣어둘 수 있죠.

RAM, CPU p52~53 참조.

왜 0과 1만 사용하는 걸까?

반도체 하나에 수만 개의 트랜지스터가 들어 있으므로 컴퓨터 한 대에는 트랜지스터가 무진장 들어 있는 셈이에요. 트랜지스터가 꺼졌다 켜졌다 하면서 0과 1이라는 전기신호를 만들어내므로 컴퓨터가 작동하는 동안 어마어마한 신호가 생겨나요.

그렇다면 왜 더 많은 숫자를 사용하지 않는 걸까요? 3 이상의 숫자를 사용하면 전기신호가 많아지고 그것을 구분하는 데 시간이 더 걸리기 때문이에요. 또 컴퓨터가 제대로 작동하지 않을 수도 있답니다.

정보의 양

컴퓨터가 처리하는 정보량의 가장 작은 단위는 '비트(bit)'예요. 0과 1 이진수를 바탕으로 정보를 표현하므로 1비트는 0 또는 1이에요. 2비트는 11, 10, 01, 00 이렇게 네 가지 다른 값을 저장할 수 있어요. 이런 방식으로 비트 8개가 모이면 8비트로 1바이트(byte)가 돼요.

컴퓨터가 정보를 처리하는 단위는 비트에서 시작해서 바이트(B) → 킬로바이트(KB) → 메가바이트(MB) → 기가바이트(GB) → 테라바이트(TB) → 페타바이트(PB) → 엑사바이트(EB) → 제타바이트(ZB)로 커져요. 8비트가 1바이트가 되는 것을 제외하고 단위마다 1024씩 올라가요. 1024바이트는 1킬로바이트, 1024킬로바이트는 1메가바이트, 1024메가바이트는 1기가바이트, 1024기가바이트는 1테라바이트가 돼요.

컴퓨터의 정보 처리 단위

단위	용량
바이트(B)	8bit
킬로바이트(KB)	1024B
메가바이트(MB)	1024KB
기가바이트(GB)	1024MB
테라바이트(TB)	1024GB
페타바이트(PB)	1024TB
엑사바이트(EB)	1024PB
제타바이트(ZB)	1024EB

03 복잡하고 까다롭지만 신중하게

갖가지 소자를 한데 모아 집적한 수억, 수십억 개의 회로를 어떻게 손톱만 한 반도체에 넣는 걸까요?

전공정과 후공정

반도체를 만드는 과정을 '**공정**'이라고 해요. 제품이 완성되는 동안 하나하나 거치는 단계를 말하지요. '웨이퍼 만들기 → 산화→ 포토 → 식각 → 박막 → 금속 배선 → 이온 → 패키징'의 8단계를 거쳐요. 또한, 이 과정을 수십, 수백 번 반복해야 해요.

반도체 공정은 전공정과 후공정이 있어요.

공정 : 한 제품이 완성되기까지 거쳐야 하는 하나하나의 작업 단계.

전공정 | 전공정은 반도체 물질로 만든 둥근 기둥을 얇게 자른 원판에 갖가지 소자를 얹어 집적회로를 만드는 것까지를 말해요.

공정마다 필요한 설비가 어마어마해서 대규모 시설이 필요해요. 이를 '팹(fab)'이라고 하는데, 제조 공장인 셈이죠. 팹을 짓고, 그 안에 들어가는 설비와 공정별로 수백에서 수천 명에 이르는 기술자까지 두려면 수십 조의 돈이 필요해요. 삼성전자, 인텔 같은 대기업이 팹을 가지고 있어요.

① 반도체 물질로 웨이퍼 만들기

주로 모래에서 뽑아낸 규소로 둥근 원판을 만들어요. 이것을 '웨이퍼'라고 해요. 처음에는 웨이퍼의 지름이 10cm 정도였는데, 최근에는 30cm까지 커졌어요. 웨이퍼의 지름이 커질수록 한 번에 만들어지는 반도체 칩의 수는 배 이상으로 늘어나므로 더 크게 만들려고 해요. 하지만 웨이퍼의 크기가 달라지면 전공정에 필요한 설비도 모두 바꿔야 하므로 쉽게 결정할 수 없어요.

② 산소나 수증기 뿌려 웨이퍼 보호하기

회로가 그려지지 않은 웨이퍼는 전기가 통하지 않는 부도체예요. 필요할 때만 회로를 통해 전기가 흐르도록 웨이퍼 표면에 얇은 막을 입혀요. 이를 '산화 공정'이라고 해요. 산화막은 웨이퍼 위에 회로가 잘 그려지게

각각의 다이는 하나의 칩(CHIP)이 됩니다.
칩이 없는 여백은 버려지므로 칩을 많이 만들고 싶다면 웨이퍼가 커야 한답니다.
노치
다이
웨이퍼
스크라이브 라인
플랫존
SIZE UP
피자를 크게 만들려면 더 큰 팬이 필요해요!

하고, 먼지가 들어가지 못하게 막고, 반도체 소자끼리 붙지 못하게 하죠. 소자가 서로 붙어 버리면 제품이 잘못 작동하는 원인이 되거든요.

③ 회로를 웨이퍼에 옮기기

필름 카메라처럼 사진을 찍고 필름에 옮겨진 것을 종이에 인화하는 것과 비슷해 '포토 공정'이라고 해요. 빛에 잘 반응하는 화학약품을 웨이퍼에 고르게 발라 인화지처럼 만들어요.

노광장비로 도면이 그려진 포토마스크에 빛을 쬐면 웨이퍼에 회로가 그려져요. 이 기계가 프린트하듯이 커다란 도면을 가로세로 1cm의 칩에 옮기고, 이것을 반복하면 웨이퍼에는 손톱만 한 네모난 칩으로 가득 차요.

④ 화학약품으로 필요한 회로만 남기고 깎아내기

부식액을 뿌려 회로만 남기고 필요 없는 부분을 없애는 과정이에요. 이를 '식각 공정'이라고 해요. 용액을 뿌려서 하는 방법과 제4의 물질 상태라고 하는 플라스마로 하는 방법이 있어요.

흔히 물질에 열을 가하면 고체 → 액체 → 기체 상태로 변해요. 그리고 기체에 열을 가하면 원자 속에서 전자가 떨어져 나가 가스 상태가 되는데, 이것을 '플라스마'라고 해요. 형광등과 네온사인, 번갯불 같은 것들이 플라스마가 내는 빛이에요.

⑤ 쌓아 올리고 웨이퍼에 전기가 통하게 하기

반도체를 집적회로로 만들기 위해서는 포토 공정과 식각 공정을 반복해서 여러 개 층으로 쌓아 올려야 해요. 층마다 '박막'을 입혀 포토 공정부터 반복해요. 박막이란, 1㎛(마이크로미터) 이하의 얇은 막을 말해요.

그러고 나서 웨이퍼에 전기가 통하도록 이온을 주입해요. 원소주기율표에서 반도체 물질은 14족 원소들인데, 이웃한 13족이나 15족 원소를 미세한 가스 형태로 넣어 주는 거예요.

⑥ 집적회로를 따라 금속선 연결하기

집적된 반도체 소자를 작동시키려면 전기를 연결해야 해요. 이를 위해 반도체의 회로를 따라 금속선을 연결하는 것을 '금속 배선 공정'이라고 해요. 반도체에 연결된 금속선은 (+)와 (-)로 나뉘어 스위치 역할을 하게 돼요. 전기의 흐름을 끊거나 연결함으로써 0과 1의 정보를 얻게 된답니다.

이렇게 완성된 반도체 안에는 수십억 개의 트랜지스터가 있어요. 각각의 트랜지스터는 0 또는 1이라는 정보가 돼요. 전공정이 끝나면 웨이퍼에 만들어진 칩들에 전기를 흘려보내 검사해요. 고칠 수 있는 건 고쳐서 정상 제품으로 만들고, 못 쓰는 것은 눈으로 가려낼 수 있게 표시해요.

① 웨이퍼 만들기

② 웨이퍼 보호하기

⑥ 집적회로를 따라 금속선 연결하기

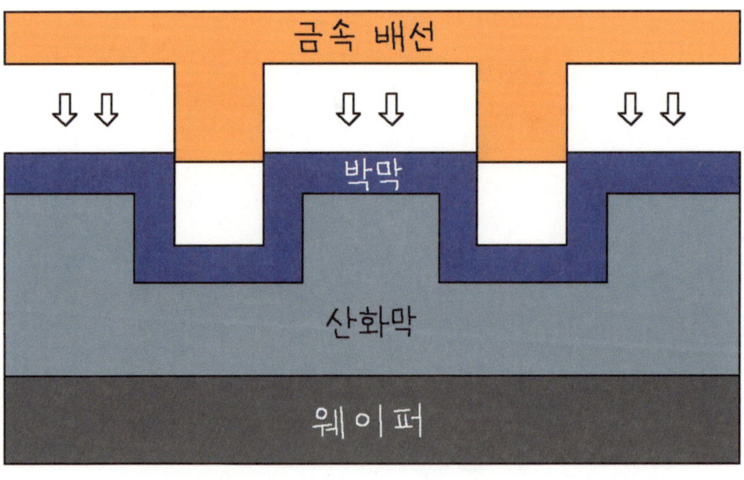

③ 회로를 웨이퍼에 옮기기

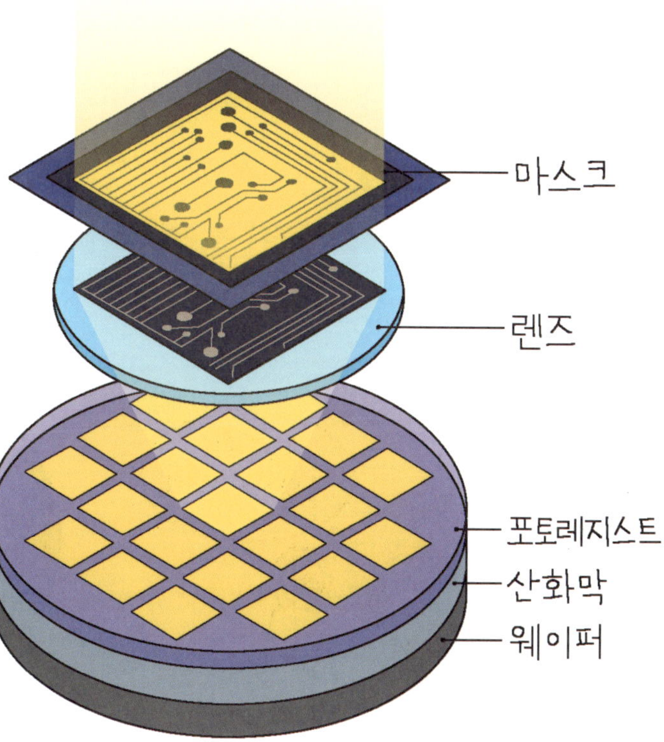

④ 화학약품으로 회로만 남기고 깎아내기

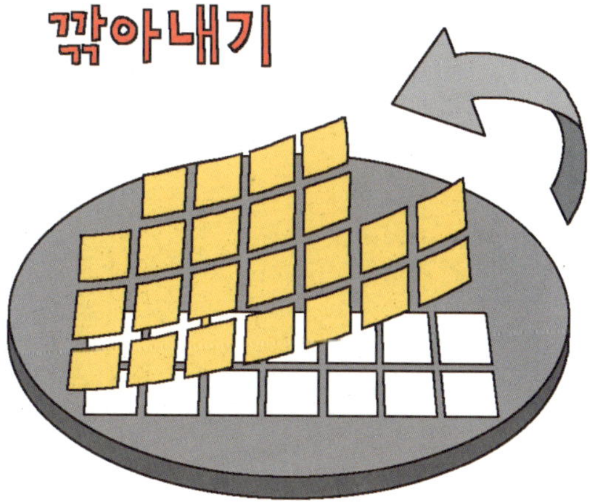

⑤ 쌓아 올리고 웨이퍼에 전기가 통하게 하기

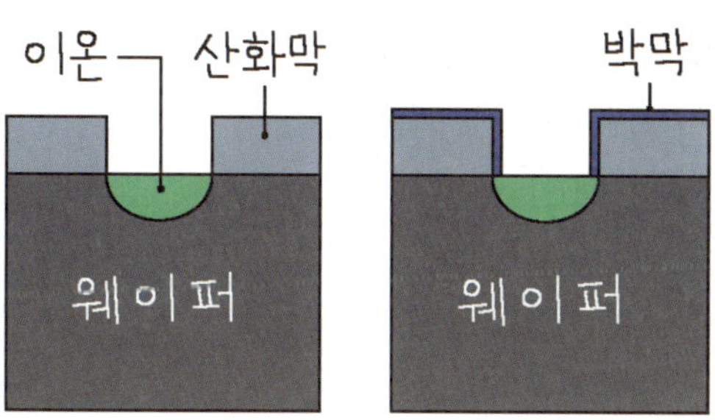

후공정 | 전공정을 마치고 난 칩은 망가지기 쉬워요. 외부로부터 전기를 주고받을 수도 없어요. 따라서 전기적인 연결 장치를 만들어 주고, 충격에 잘 견디도록 포장하며, 각기 쓸모에 맞게 모양을 갖춰야 해요. 마치 포장하는 것과 같아 '패키징 공정'이라고도 해요. 마지막으로 품질을 확인해요.

후공정은 가볍고, 얇고, 짧고 작게 만드는 게 목표예요. 전기를 적게 쓰면서도 신호를 빠르게 전달하고, 효율적으로 열을 내보내도록 만들어요. 더불어 경쟁 회사의 제품보다 더 잘 팔리게끔 포장하지요. 반도체를 작게 만드는 게 어려워진 만큼 패키징 공정에서 성능을 최대로 끌어올려요. 후공정은 전공정만큼 큰 시설이 필요 없어서 팹 없이 후공정만 따로 맡아서 하는 회사들이 많아요.

유리 기판

전통적으로 반도체는 저렴하면서도 가벼운 플라스틱 기판에 열을 가해 붙였어요. 그러나 반도체가 잘 만들어져도 기판에 붙이는 과정에서 흠이 생길 수 있었죠. 불량품이 되는 걸 막기 위해 반도체와 기판이 붙어 있는 부위를 일일이 눈으로 확인했어요. 그래서 눈에 편한 초록색으로 만들어졌어요.

최근에는 기판을 사용하지 않거나 유리 기판을 사용하는 방법이 개발 중이에요. 기판을 사용하지 않으면 제품을 더 빨리 만들 수 있어요. 비용도 줄일 수 있죠. 유리 기판은 열에 강하고 표면이 매끄러워서 곧바로 기판에 초미세회로를 새길 수 있어요. 즉, 따로 반도체를 만들어 붙일 필요가 없어요. 실리콘 없는 반도체라니, 반도체 관련 기술은 참으로 빠르게 발전하고 있답니다.

04 많이 만들수록 돈이 쌓이는 기술

웨이퍼 한 장에 수백 개의 칩이 1년 365일 쉼 없이 만들어집니다. 이 많은 반도체는 어디에 쓰일까요?

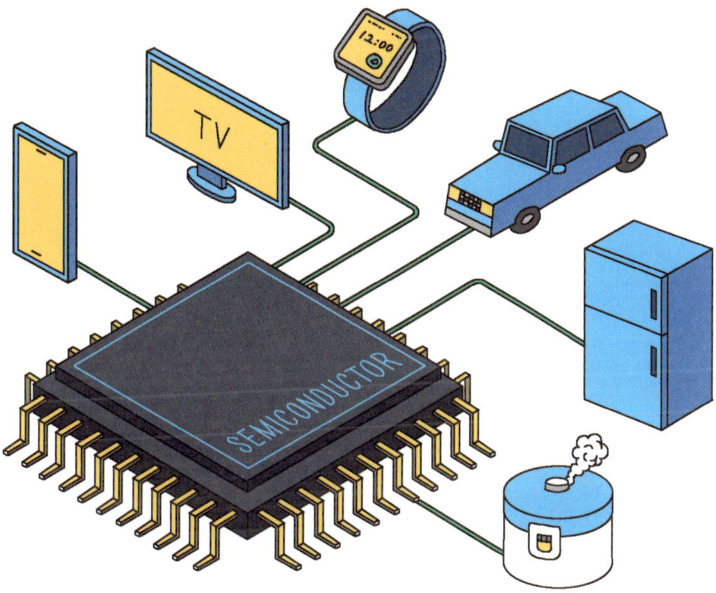

손 닿는 곳마다 반도체

반도체는 안 들어가는 데가 없어요. 컴퓨터, 스마트폰, 카메라, 유선 전화기, 냉장고, 밥솥, 텔레비전, 전기차 등 전기를 에너지로 사용하는 제품에는 다 들어가요. 여기에 인간만이 하던 생각하고, 공부하고, 판단하는 능력을 컴퓨터 프로그램으로 실현한 인공지능을 위한 고성능 반도체가 개발되어 여러 가지 기계와 장비가 더 똑똑해지고 있어요.

컴퓨터·노트북 | CPU(중앙처리장치)와 램(RAM, 주기억장치), 하드디스크(HDD, 보조기억장치)는 컴퓨터의 성능을 좌우하는 주요 장치예요. 이 중에 하드디스크는 자석의 성질을 이용한 장치라서 반도체가 아니에요. 2000년대 들어 전기신호를 이용한 반도체 드라이브(SSD)가 하드디스크를 대신하는 경우가 늘고 있어요.

CPU는 시스템 반도체로, 컴퓨터가 작동하는 데 필요한 모든 계산을 처리해요. 인간으로 치면 대뇌와 같지요. CPU는 데이터를 저장할 수 없어서 HDD에 접속해서 일해야 하는데, 램이 중간에서 정보를 빠르게 전달해요. CPU와 램은 내부의 미세회로 사이를 오가는 전자의 움직임만으로 정보를 처리하는 반도체이므로 고속으로 작동해요.

'램'은 속도가 빠른 대신 전원이 끊기면 정보가 사라져요. 우리가 책을 훑어보고는 필요한 정보만 잠시 기억하는 것과 같아요. '롬'은 램과 마찬가지로 메모리 반도체이지만, 읽을 수만 있어요. 음악이나 영화 정보를 담고 있는 CD롬, DVD롬을 떠올리면 금방 이해가 될 거예요.

하드디스크는 정보를 끌어오기 위해 가위처럼 생긴 핀이 정보가 기록된 위치로 찾아가므로 시간이 걸리고 소리도 요란하다. SSD는 반도체이므로 전기도 적게 쓰고 소음이 없다.

다시 말해 하드디스크는 데이터가 있는 지점까지 직접 가서 읽는 방식이라면, SSD는 데이터가 있는 위치에 전화를 걸어 확인하는 방식이다.

스마트폰·이동저장장치 | 거의 컴퓨터처럼 사용하는 스마트폰은 전기는 적게 사용하면서도 전원이 꺼지더라도 정보가 사라지지 않아야 해요. 또 정보를 쓰고 지울 수 있는 메모리도 있어야 해요. 스마트폰에는 플래시메모리가 장착돼요.

'플래시메모리'는 램처럼 손쉽게 정보를 지우고 쓸 수 있으면서도 저장된 정보는 지워지지 않아요. 전기는 적게 쓰고 크기를 작게 만들기가 쉬워서 엄지손톱만 한 크기에 영화 수십 편을 담을 수 있어요. 모바일 기기, USB, 메모리 카드, SSD 같은 저장장치에 사용되지요. 다만, 데이터를 저장하고 읽는 데 시간이 오래 걸린다는 단점이 있어요.

플래시메모리는 낸드형과 노어형이 있어요. 낸드형은 만드는 비용이 저렴하고 용량이 커서 디지털카메라나 MP3 플레이어에 주로 쓰여요. 노어형은 속도가 빨라서 휴대전화에 많이 쓰여요.

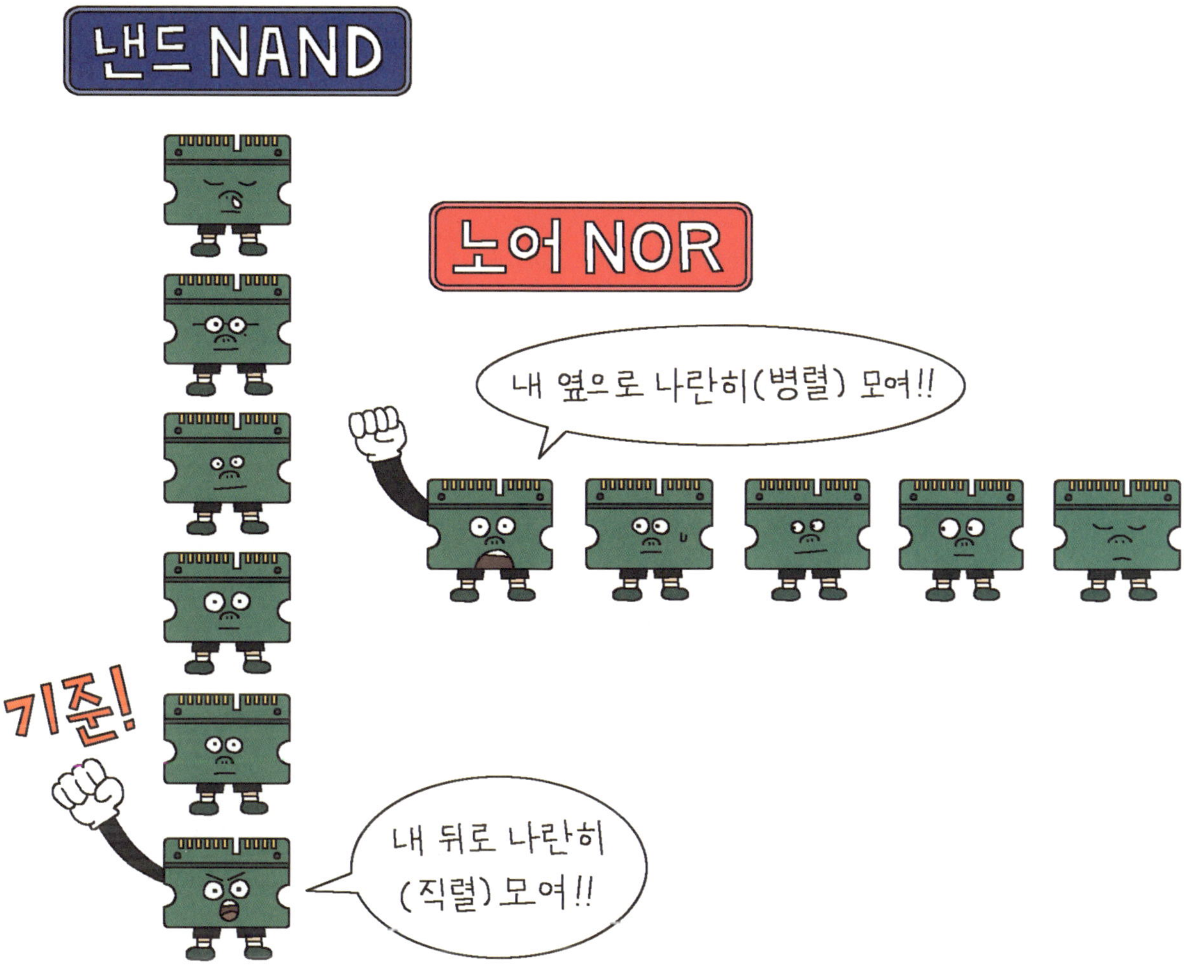

플래시는 정보를 지우는 방식이 카메라 플래시처럼 번쩍하는 순간에 지워지기 때문에 이름 붙여졌다. 1984년 일본 도시바의 마스오카 후지오 박사가 발명했다.

달리는 컴퓨터 | 첨단 IT 기업인 구글, 엔비디아와 자동차를 만드는 현대차, 도요타, 포드 같은 기업들은 전기차, 자율 주행 자동차, 수소차 기술을 선보이고 있어요. 전기차는 석유나 천연가스 같은 화석연료 대신 전기를 연료로 하는 자동차이고, 자율 주행 자동차란, 운전자가 운전하지 않아도 스스로 움직이는 자동차예요. 수소차는 차에 저장된 수소와 공기 중의 산소가 만나서 생긴 전기로 움직이는 자동차예요.

이들 자동차에는 경로를 안내하는 기능, 차선을 유지하는 기능, 길을 가는 사람을 알아채고 멈추는 기능 등이 있어요. 특히 자율 주행 자동차는 주변 물체를 구별하고, 도로 사정을 빠르고 정확하게 확인하며, 속도

를 조절할 수 있어야 해요. 이를 위해 카메라와 근적외선으로 사물과의 거리를 측정하는 장치, 통신 장치 등 300~400개의 아날로그 반도체가 쓰여요.

'아날로그 반도체'는 열, 빛, 소리, 온도, 습도, 움직임, 가스, 맛의 정도까지 자연에서 얻을 수 있는 정보를 디지털신호로 바꿔요. 각종 센서 칩, 무선신호 칩, 전력 칩 등이 대표적이지요.

스마트폰에도 손가락으로 조작하는 터치 센서, 통화 중에 알아서 화면이 꺼지는 근접 센서, 개인정보를 지키는 지문 인식 센서, 카메라의 필름을 대신하는 이미지 센서, 손 안 대고 쓱~ 하고 움직임만 보여 줘도 되는 모션 센서, 인터넷 사용을 위한 Wi-Fi, LTE 같은 무선 신호 칩 등의 아날로그 반도체가 있어요.

아날로그 반도체는 에너지를 적게 사용하므로 환경에 이롭다. 디지털 TV에 전력 관리 칩을 써서 필요한 부분에 전력을 적절하게 공급하면 소비 전력을 30%나 줄일 수 있다. 조명에 일정한 전력을 흐르게 하는 안정기 등을 아날로그 반도체로 바꾸면 전기료를 25% 정도 아낄 수 있다.

첨단 : 가장 높은 수준의 개발 상태.

디지털카메라·LED | 디지털카메라는 필름 없이 이미지 센서를 사용해요. 셔터를 누르면 렌즈를 통해 빛을 받아들여 전기신호로 바꿔 줘요. 또 특별한 장치로 이 신호를 0과 1의 디지털신호로 바꿔 메모리에 저장해요.

디지털카메라에 쓰이는 빛과 관련한 반도체를 '광반도체'라고 해요. 빛은 아날로그 신호이므로 아날로그 반도체라 할 수 있지만, 일상생활에서 널리 쓰여 광반도체로 따로 구분한답니다. 인공지능이 적용된 카메라는 사진을 찍자마자 이미지를 분석하고 알맞은 셔터 속도, ISO(감도), 밝기 등을 자동으로 조절하여 더 나은 결과를 얻을 수 있어요.

조명과 텔레비전에 많이 쓰이는 LED는 전자가 가지는 에너지가 직접 빛으로 바뀌는 것으로, 번개가 칠 때 번쩍하고 빛이 나는 원리를 이용한 거예요. 전자제품의 숫자와 문자 표시, 전광판 등에도 쓰이지요.

백열등과 형광등은 전기로 필라멘트가 뜨거워지면 그 열로 빛을 만들어내요. 그래서 전력의 5%만 빛으로 바뀌어요. 반면, LED는 전기에너지의 95%를 빛에너지로 바꾸므로 전력 소모가 적어요.

LED TV는 화면 뒤편에 LED를 골고루 펼쳐서 정면으로 빛을 보내거나 화면 위아래 공간에 LED를 길게 두어 중앙으로 빛을 보내요. OLED TV는 화면의 가장 작은 단위인 픽셀을 하나의 LED 소자로 해요. 각각의 소자가 스스로 빛을 내므로 화질이 더 선명하고 두께가 아주 얇아요. 예를 들어 4K OLED TV는 가로 픽셀 수가 3240개, 세로 픽셀 수가 2160개예요. 이 수만큼 LED 소자가 각기 빛을 내어 화면에 나타난답니다. 또한, LED 소자가 OLED보다 최대 100배 작아 더 또렷하면서도 밝은 마이크로 LED와 소형 전자기기에 적합한 미니 LED 기술도 주목받고 있어요.

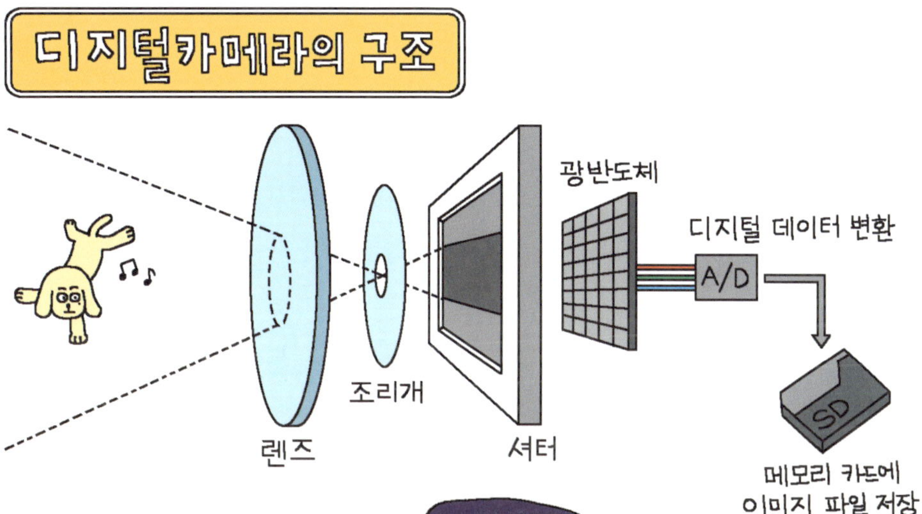

플라잉카·드론 | 땅과 하늘을 모두 달리는 자동차인 플라잉카는 20세기 초부터 연구됐는데, 반도체 기술이 발전하면서 실제로 사용될 날이 가까워져 오고 있어요.

슬로바키아의 한 기업은 '에어카'를 내놓았어요. 2020년 말에 첫 비행에 성공하고, 이듬해에 처음으로 니트라 공항에서 브라티슬라바 공항까지 35분간 날았지요. 경주용 자동차처럼 생긴 에어카는 고정 프로펠러로 비행하고, 버튼을 누르면 약 2분 만에 도로 상태로 바뀌면서 날개를 자동으로 접었다가 들어 올린 뒤 차체에 넣고는 자동차로 변신해요.

이후 미국은 2022년 10월에 두 명을 태우고 비행할 수 있는 플라잉카 개발에 성공했어요. 이미 약 3200대를 주문받아 제작 중인데 2025년에 운행할 계획이래요. 중국은 2025년 1월 브뤼셀에서 열린 모터쇼에서 샤오펑의 2인승 플라잉카 'X2'를 선보였어요. 최대 시속 130㎞로 35분을 비행할 수 있다고 해요.

무선전파로 조종하는 드론에는 무선 신호를 주고받는 센서, 전력을 제어하는 센서 등 수많은 반도체가 쓰여요. 드론으로 기상 정보를 수집하고 항공 사진을 찍는 것 말고 배달도 하고, 폭탄을 장착해 무기로도 쓰고, 농약을 뿌리는 등 농업에도 쓰여요. 아랍 에미리트의 두바이에서는 택시로 사용하기 위해 시험 비행을 하고 있지요.

하지만 드론은 배터리라는 한계가 있어요. 오래 비행하려면 배터리가

커야 하고, 배터리가 크면 드론도 커질 수밖에 없어요. 그래서 그기가 작은 배터리에도 스스로 경로를 탐색하고 장애물을 피하며 오랫동안 나는 고성능의 반도체 개발에 주력하고 있답니다.

또 많은 사람이 플라잉카나 드론 택시를 사용하려면 이륙과 착륙을 돕고 충전하고 정비까지 할 수 있는 공항, 탑승객이 이용하는 플랫폼, 플라잉카나 드론 택시의 운전을 돕는 통신망 등도 갖춰져야 해요. 여기에는 또 얼마나 많은 반도체가 쓰일까요?

사물인터넷 | '사물인터넷'이란, 사물에 센서와 통신 기능을 달아 인터넷에 연결하는 기술을 말해요. 지금까지는 인터넷에 연결된 기기들이 정보를 주고받으려면 사람이 일일이 조작해야 했어요.

하지만 사물인터넷은 자동차 키 없이도 시동을 걸 수 있어요. 이를 닦기만 해도 칫솔질 횟수와 시간을 스마트폰에 기록할 수 있지요. 외출했을 때 스마트폰으로 미리 에어컨을 켜두거나 난방기를 작동시켜서 집에 들어서는 순간 더위와 추위를 잊을 수 있어요. 멀리 나와 있는데 깜빡하고 문을 잠그지 않았더라도 걱정 없어요. 집 도착 시각에 맞춰서 세탁기나 청소기, 밥솥 등을 작동시켜 시간을 절약할 수 있어요.

인공지능과 결합한 스마트 농업에서는 작물의 상태를 실시간으로 확인하고 필요한 영양분을 자동으로 공급해요.

이밖에 인공지능을 비롯해 현실 공간에 가상의 요소를 넣어 현실처럼 체험하는 증강현실 프로그램, 각종 데이터를 인터넷과 연결된 중앙 컴퓨터에 저장해서 언제 어디서든 정보를 이용할 수 있는 클라우드 서비스, 사람처럼 움직이고 일을 하는 로봇 기술도 반도체 덕분에 발전하고 있어요.

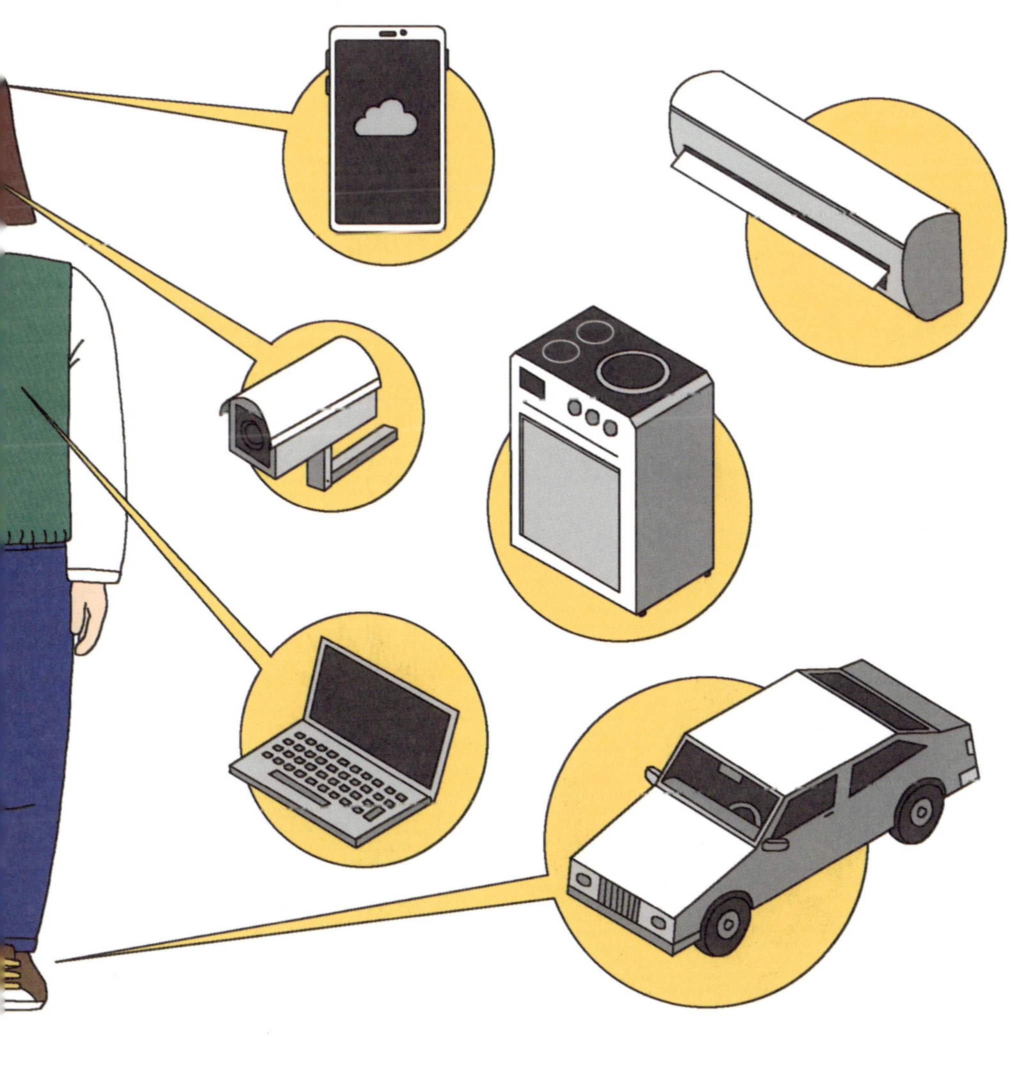

무기와 반도체

2022년 2월 러시아가 우크라이나를 침공했어요. 열흘 만에 우크라이나를 점령하겠다던 러시아군은 우크라이나의 가정집에 들어가 세탁기와 식기세척기 같은 가전제품을 훔쳤어요. 갖고 있던 정밀유도무기를 다 써 버렸기 때문이죠.

무기에 반도체를 사용하면 명중률이 높아져요. 또 아군에게 잘못 쏘는 일도 일어나지 않지요. 따라서 몇몇 국가를 제외한 전 세계는 반도체 수출을 막아 러시아가 정밀 무기를 만들지 못하게 했어요. 반도체가 포함된 가전제품 수출도 막았어요.

반도체가 부족해진 러시아는 구식 무기를 사용해야 했어요. 갑자기 탱크가 멈췄어요. 미사일이 엉뚱한 곳에 떨어지거나 갑자기 방향을 바꿔 러시아 군인들을 향했어요.

무기의 뇌 역할을 하는 반도체를 100% 외국에서 수입하던 러시아는 전쟁이 길어지자, 세탁기나 식기세척기 같은 전자제품과 못 쓰게 된 전기용품, 차량에서 반도체를 구해서 무기를 만들었어요. 하지만 그마저도 곧 바닥났어요. 중국에서 반도체를 수입하기는 했지만, 불량품이 많아서 원하는 만큼 무기를 만들지 못했어요.

반도체는 우리가 최고

최고의 반도체 기술을 갖는 건 그리 쉬운 일이 아니에요. 일부 국가들이 하듯이 산업 스파이나 해킹으로 기술을 빼내고 많은 돈을 주고 반도체 기술자를 데려온다 해도 단숨에 반도체 1위 국가가 되는 건 아니랍니다.

미국 | 반도체 발명 나라답게 인텔, 엔비디아, 퀄컴, 마이크론 테크놀로지 등 들으면 알만한 반도체 기업이 많아요. 1970년에 인텔이 만들어낸 1K D램이 최초의 반도체예요. 현재, 인텔은 시스템 반도체 제조에서 세계 1위로, CPU 시장 점유율 1위를 차지하고 있어요.

시장 점유율은 특정 제품이 거래되는 시장에서 특정 회사가 얼마나 그 제품을 사고파는지 그 양을 100을 기준으로 비교해서 나타낸 것을 말해요. 예를 들어 2024년 인텔의 중앙처리장치(CPU) 점유율은 78%인데, CPU 100개가 팔릴 때 인텔에서 만든 것이 78개나 됨을 뜻해요.

엔비디아는 GPU 시장 점유율 1위예요. GPU란, 그래픽 처리 장치로 영상정보를 처리하고 화면에 내보내는 일을 해요. 게임에 3D 그래픽이 본격적으로 쓰이면서 현실적으로 보이도록 CPU를 도와요. 인터넷이나 게임을 할 때 필요한 데이터 센터용 반도체 칩 시장에서도 가장 앞서 있어요.

반도체를 설계도 하고 제조도 하는 인텔을 제외하고, 미국의 반도체 회사들은 설계를 위주로 해요. 1차 치킨게임(p103 참조)으로 많은 미국 기업이 피해를 봤기 때문이에요.

전 세계가 인공지능과 로봇 산업에 집중하고 있는 2024년부터, 미국 정부는 중국의 반도체 성장을 억누르는 동시에 반도체 산업의 주도권을 되찾기 위해 큰 노력을 기울이고 있어요.

한국 | 곁눈으로 얻은 정보를 바탕으로 1965년에 처음 반도체 산업에 뛰어들었어요. 수십 년이 지난 현재 한국의 수출품 1위 품목은 반도체랍니다. 1980년대까지만 해도 한국이 반도체 산업에서 성공할 거라고는 세계 누구도 생각하지 못했어요. 당시에 반도체 산업을 하려면 인구는 1억 명 이상, 국민소득은 1만 달러 이상인 국가에서만 가능했기 때문이죠. 그때 한국은 인구가 4천만 명, 국민소득이 2천 달러인 데다 변변한 반도체 관련 기술은커녕 시설조차도 없었어요.

1992년에 삼성이 64M 메모리 반도체를 개발한 뒤로, 1993년에는 전체

메모리 반도체 시장에서 1위를 차지했어요. 1995년에는 세계 최초로 256M 메모리 반도체를 개발했어요.

이후 한국은 20년 넘게 메모리 반도체에서는 1위 자리를 놓치지 않았어요. 그러나 인공지능의 발달로 HBM(고대역폭 메모리)이 전 세계 반도체의 주요 부품이 되자, 한국의 반도체는 조금 주춤하고 있어요. HBM 기술은 메모리 반도체의 한 종류로, 인공지능이 엄청난 정보를 빨리 처리해서 정확하게 작업하도록 도와요.

삼성전자가 대만의 TSMC와의 경쟁에 매달리다 보니 HBM 기술 개발에 늦어졌어요. 현재로선 세계적으로 HBM 기술 개발에 앞서 있는 SK하이닉스가 대한민국 반도체의 자존심을 지키고 있어요.

대만 | TSMC라는 회사가 유명해요. TSMC는 파운드리 회사로, '파운드리'란, 반도체를 만드는 전문 회사를 말해요. 반도체를 설계하고 디자인한 회사로부터 **위탁**받아 만들기만 하는 것이죠. 반면, 반도체를 설계만 하는 회사를 '팹리스' 또는 '칩리스'라고 해요. 팹은 반도체를 만드는 공장을 뜻하므로, 공장 없이 설계만 하는 반도체 회사를 말한답니다.

TSMC는 미국의 주요 반도체 기업인 AMD, 퀄컴뿐만 아니라, 유럽, 중

위탁 : 남에게 사물이나 사람의 책임을 맡김.

국 등 전 세계 500개 기업으로부터 반도체를 만들어달라는 요청을 받아요. 왜냐하면, TSMC는 어떤 설계도를 가져다주든 다 만들어낸다고 할 정도로 실력이 뛰어나기 때문이죠.

대만의 TSMC는 2022년에 반도체 기업 중 전 세계에서 가장 가치 있는 기업 1위에 올랐어요. 반도체 업계에서 가장 최신 기술을 선보이고 있어 세계적 기업들이 TSMC에 줄을 서고 있답니다.

일본 | 1980~1990년대에 일본은 반도체 강국이었어요. 미국을 뛰어넘어 세계 경제 1위를 노릴 만큼 아주 강력했지요. 당시 세계 반도체 기업 10개 중 6개가 모두 일본 기업이었어요.

일본은 품질이 뛰어난 메모리 반도체로 미국의 뒤를 바짝 쫓았어요. 그러나 1990년대 들어 집집이 컴퓨터를 사면서 컴퓨터용 메모리 반도체를 저렴하게 생산하는 게 중요해졌어요. 컴퓨터는 보통 5년 정도면 새것으로 바꾸곤 했으므로 굳이 고품질을 고집할 필요가 없었죠. 하지만 일본은 품질에 몰두한 나머지 저렴하면서도 그럭저럭 괜찮은 품질을 내세운 한국에 자리를 내줘야 했어요.

경쟁에서 밀린 일본의 반도체 회사들은 문을 닫거나 다른 나라의 반도체 회사에 팔렸어요. 몇몇 회사만 간신히 유지하고 있죠. 반도체 신기술에 많은 관심을 두지 못해서 다른 나라에 뒤처지게 됐어요.

반도체를 만드는 데 필요한 소재·부품·장비에선 여전히 뛰어난 품질을 유지하고 있어요. 2021년부터는 대만의 TSMC와 손을 잡고 다시 반도체 강국이 되기 위해 애쓰고 있답니다.

중국 | 세계 최대 반도체 소비국인 중국은 2015년부터 반도체를 '자급자족'하기 위해 엄청난 돈을 투자했어요. '반도체 굴기'이지요. 굴기란, 우뚝 일어선다는 뜻으로 반도체 업계에서 1등 국가가 되겠다는 거예요.

100개의 반도체가 있다면 17개 정도만 중국에서 만든 것이고, 나머지

투자 : 이익을 얻기 위해 어떤 일이나 사업에 돈이나 시간, 정성을 쏟음.

는 수입에 의존했어요. 중국은 반도체 굴기를 통해 2025년까지 100개 중 70개 정도를 중국 기업에서 생산하는 것을 목표로 삼았어요.

국가 지원으로 화웨이, 칭화유니그룹, SMIC 등 수천 개의 반도체 관련 기업이 생겼어요. 2022년에 미국의 한 경제 신문사가 최근 1년간 가장 빠르게 성장한 반도체 기업 20곳을 선정했는데, 무려 19곳이 중국 회사였지요.

그러나 미국이 중국 기업에 반도체 장비와 기술을 수출하지 못하게 하자, 반도체 생산량은 크게 줄고 많은 반도체 관련 기업이 문을 닫았어요. 2020년에는 1397개, 2021년에는 3420개, 2022년에는 5746개, 2023년에는 10900개가 넘는 회사가 폐업 신고를 했어요. 그러나 "이 없으면 잇

몸으로 산다."는 말처럼 중국은 반도체 굴기를 포기하지 않고 끊임없이 노력하고 있어요.

특히 전기 자동차 최대 제조국으로서 자율 주행 자동차나 플라잉카 등에 사용되는 인공지능 반도체 개발에서 놀랄 만한 성과를 내놓고 있답니다.

네덜란드 | 네덜란드의 ASML은 세계 최대의 노광장비 기업이에요. 우리 주위에는 눈에 보이지 않는 물결 모양의 파동이 흐르고 있어요. 파동은 움직이는 횟수에 따라 적외선, 가시광선, 자외선, X선, 감마선 등으로 구분되는데, 이 중에서 가시광선은 우리 눈으로 볼 수 있는 빨주노초파남보의 7가지 색으로 나타나요. 물결 모양의 가장 높은 부분의 거리를 '파장'이라고 하는데, 파장이 짧으면 빛이 덜 퍼져서 회로를 아주 세밀하게 그릴 수 있어요. ASML의 노광장비는 파장이 짧은 극자외선을 이용해요. 이것이 ASML의 기술력이에요. 3나노 이하인 반도체를 만들려면 이 장치가 있어야 해요.

영국 | 영국에는 반도체 설계에 뛰어난 ARM이 있어요. 퀄컴, 삼성, 애플, 엔비디아 등의 반도체 회사들은 돈을 주고 이 회사로부터 기본 회로의 설계도를 빌려서 자기 회사의 반도체 설계를 완성하지요.

건축에 비유하면, 한 개의 반도체를 설계하는 것은 대도시를 통째로 설계하는 것과 같아요. 반도체 설계도 하나를 완성하려면 몇 년이 걸릴 정도로 오래 걸려요. 그래서 이미 완성된 설계도를 가져다가 붙이거나 고쳐 가면서 자기 회사의 반도체 설계도를 완성하는 거예요.

스마트폰, 태블릿 같은 모바일 기기에 들어가는 반도체 대부분은 ARM의 설계도를 사용해 설계돼요. 이제는 반도체 회사들이 이 회사의 기술을 활용해 반도체 기술을 발전시키거나 인공지능, 사물인터넷 같은 새로운 기술에 적용해 앞서나가려 한답니다.

특히, ARM은 인공지능 및 사물인터넷 분야에서 중요한 역할을 하고 있어서 많은 기업이 ARM의 기술을 사용하고 있어요.

싱가포르 | 싱가포르는 지원도 국토도 인구도 부족하지만, 동남아시아의 가장 큰 반도체 생산국이에요. 미국, 유럽, 대만 기업들의 반도체 공장이 자리하고 있지요. 반도체 제조를 뒷받침하는 장비를 만드는 기업들도 많아요.

아르메니아 | 옛 소련 시절 전자·전기 산업을 담당했던 아르메니아는 1959년에 진공관을 사용한 컴퓨터, 1964년에는 반도체를 사용한 컴퓨터를 만들어낸 경험이 있어요. 아르메니아에는 IT 인재가 많고 관련 기업이 약 650개가 있어요. 반도체 설계에 필요한 소프트웨어를 만드는 회사 등 외국에서 진출한 전자기기, 반도체 업체가 많답니다.

한국과 일본의 충돌

2019년 7월 일본이 한국에 몇몇 화학제품을 수출할 때 관리를 엄격하게 하겠다고 선언했어요. 이때 지정된 화학제품은 불화수소, 플루오린 롤리이미드, 포토레지스트예요. 이것들로 무기를 만들 수 있으므로, 일본은 한국이 원하는 만큼 팔지 않겠다고 했어요. 그날 이후 한국의 신문과 뉴스에는 '소부장'이라는 말이 쏟아져나왔어요.

소부장은 반도체와 무슨 관련이 있을까요? 소부장은 반도체 제조에 필요한 소재·부품·장비를 줄여서 부르는 말이랍니다. 반도체를 만드는 과정에서 사용되는 모든 재료와 도구를 뜻해요.

소재 | 반도체 소재란, 반도체를 만드는 바탕 재료예요. 전공정과 후공정에 필요한 소재가 있고, 그 종류는 매우 다양해요. 웨이퍼를 만드는 규소를 비롯해 공정마다 필요한 가스, 약품 등이 그것이죠.

예를 들어 포토레지스트는 반도체 공정 중 회로 모양을 빛으로 반복해서 찍어내는 노광 공정에 꼭 필요한 소재예요. 이것을 웨이퍼 위에 골고루 발라야 회로를 새길 수 있어요.

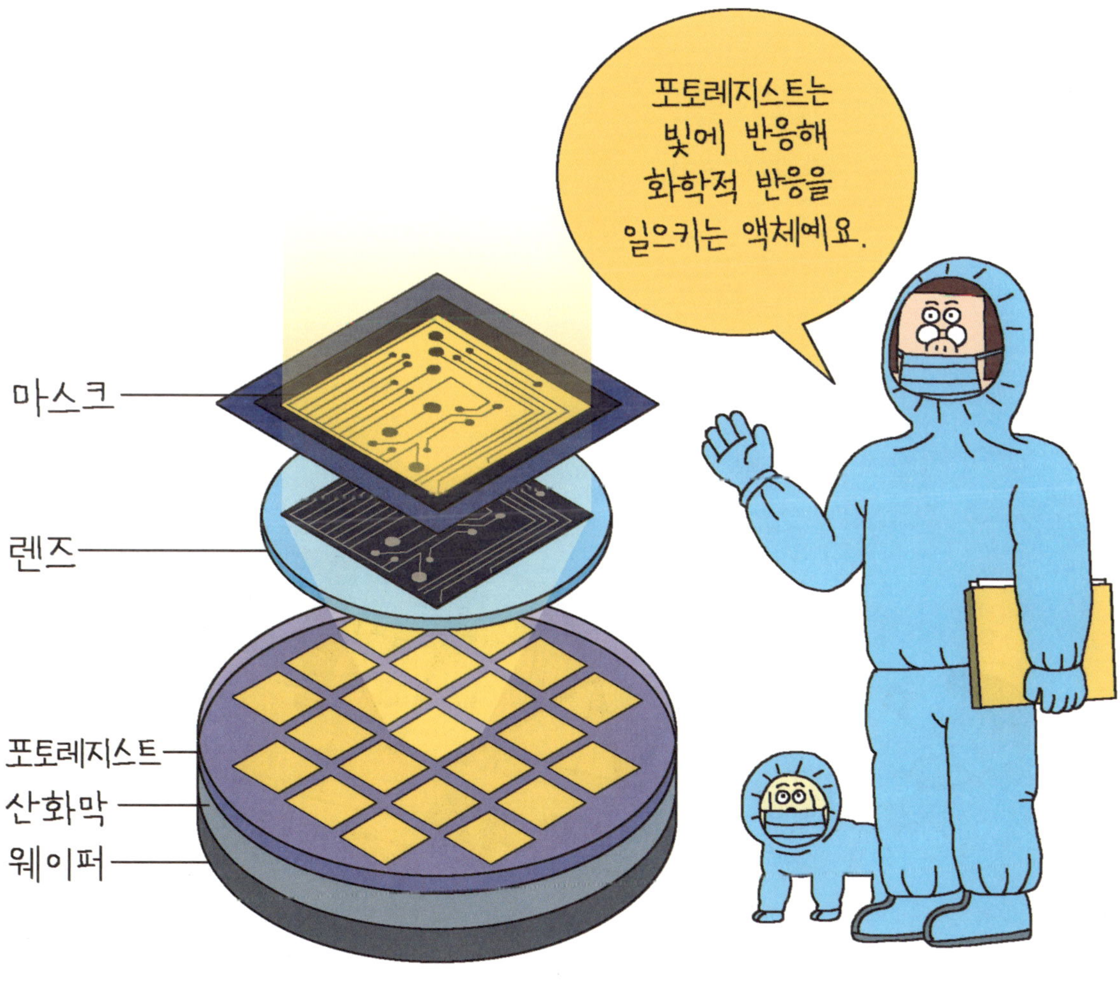

부품 | 공정마다 필요한 물품이 있어요. 식각 공정을 마친 웨이퍼의 고르지 못한 부분을 매끄럽게 갈아내는 CMP 패드, 사진으로 치면 필름 역할을 하는 포토마스크를 만들기 위한 유리판, 포토마스크에 그려진 회로의 오염을 막는 보호막인 펠리클, 회로를 그린 웨이퍼 위에 불필요한 부분을 제거하는 실리콘 전극, 링 등이 있답니다.

장비 | 반도체를 만드는 데 필요한 커다란 기계나 도구예요. 대표적으로 ASML의 노광장비가 있어요. 이 장비는 가격이 엄청나게 비쌀 뿐 아니라 1년에 생산되는 수량도 얼마 되지 않아요. 삼성과 TSMC는 서로 더 많은 노광장비를 구하기 위해 경쟁할 정도예요.

이밖에 웨이퍼 표면에 특정 소재를 얇게 뿌려 막처럼 입히는 장비, 식각 공정에서 부식액을 뿌리는 장비, 세정 공정에서 완성된 칩에 남아 있는 불순물을 제거하는 장비 등이 있답니다.

소재와 부품을 수입하거나 생산하는 기업들은 반도체 제조회사와 가까이 있어요. 워낙 많이 쓰이기 때문에 물품을 운송하는 거리를 줄여 비용을 아끼기 위함이지요. 그래서 삼성이나 TSMC, 인텔 같은 거대한 반도체 기업이 반도체 제조 시설을 새로 짓는다고 하면 협력 관계에 있는 패키지 기업, 테스트 기업들이 모여든답니다.

실리콘 밸리

이쯤 되면 다들 실리콘 밸리가 반도체와 관련이 있다는 것을 알 거예요. 실리콘 밸리는 미국 캘리포니아주 샌프란시스코만 지역 남부를 이르는 말이에요. 1년 내내 비가 거의 내리지 않아 전자산업에 유리한 환경을 갖추고 있어서 실리콘 칩 제조회사가 많이 있지요. 가까운 곳에 스탠퍼드대학, 버클리대학, 샌타클래라대학 등 명문대학이 있어 똑똑한 인재들을 구하기도 쉽답니다.

현재는 전 세계적으로 기술 혁신을 이룬 첨단 기술 회사들이 모여 있어요. 포토샵으로 잘 알려진 어도비(Adobe)와 인텔, AMD, 엔비디아, 퀄컴 등의 반도체 기업이 있으며, 구글과 페이스북 같은 유명한 인터넷 기업도 자리하고 있어요. 1983년에는 한국의 현대전자를 비롯해 삼성, 엘지 등의 전자회사도 진출했답니다.

05 미래를 위한 한계 없는 도전

반도체 발전을 위해 기업들은 기술을 개발하고 공장을 짓고 다른 회사를 사들이느라 천문학적인 투자를 하고 있어요.

무어의 법칙

반도체는 발전을 거듭하면서 수많은 트랜지스터가 집적됐어요. 현미경으로 봐야만 자세히 볼 수 있는 크기로 줄어들면서 컴퓨터의 크기가 작아졌어요. 전기는 적게 쓰고 컴퓨터의 처리능력은 향상됐어요. 1971년에는 하나의 칩에 트랜지스터가 2700개, 26년 뒤 펜티엄1 프로세서에는 750만 개, 2020년 컴퓨터의 CPU에는 대개 20억~400억 개의 트랜지스터가 집적되었어요.

1975년 인텔의 창업자이자 회장이었던 고든 무어는 그동안 관찰한 바를 토대로 "반도체의 집적도는 2년마다 2배로 올라간다."라고 했어요. 마이크로칩 기술이 발전해 나가는 속도를 말한 것으로, 처음에는 18개월마다 2배씩 오른다고 하다가 마이크로칩에 저장할 수 있는 데이터의 양이 24개월마다 2배씩 증가한다고 했어요.

실제로 인텔의 반도체는 무어의 법칙에 따라 저장용량이 늘었어요. 그 대신 가격은 그대로여서 더 좋은 CPU와 용량이 큰 메모리를 저렴하게 사는 효과를 가져왔지요. 이 법칙은 30년간 지켜졌답니다.

황의 법칙

2002년에 한국의 삼성전자 황창규 사장은 "반도체의 집적도는 1년마다 2배로 증가한다."라고 했어요. 무어의 법칙에서 말했던 2년이 1년으로 줄어든 것으로, '황의 법칙'이라고 해요. 1980년대에는 반도체가 컴퓨터를 중심으로 사용됐지만, 1990년대부터는 정보통신 분야에도 활용되면서 더 빠른 메모리가 필요해졌기 때문이죠.

실제로 삼성전자는 1999년에 256M 낸드 플래시메모리 개발을 시작으로 2000년 512M, 2001년 1G, 2002년 2G, 2003년 4G, 2004년 8G, 2005년 16G, 2006년 32G, 2007년 64G로 매년 두 배씩 용량을 올려 제품을 개발해서 황의 법칙을 실제로 증명해 보였어요.

무너진 법칙들

황의 법칙대로라면 2008년 128G, 2009년 256G, 이런 식으로 두 배씩 저장용량이 늘어나 2011년에 1T 제품이 생산돼야 했지만 그러지 못했어요.

2010년대 들어 이동하는 동안에도 컴퓨터처럼 쓸 수 있는 모바일 기기 사용이 늘면서 그에 맞는 반도체가 필요했어요. 하지만 작은 기판에 더 많은 회로를 넣다 보니 기기에 열이 발생하는 등의 문제가 생겼지요. 칩은 점점 작아지는데 트랜지스터의 수가 늘다 보니 반도체 가격이 비싸졌어요. 더는 무어의 법칙도 황의 법칙도 적용할 수 없게 됐어요.

트랜지스터를 더 작게 만들려면, 회로 간격이 더 좁아져야 해요. 회로는 전류가 흐르는 길이에요. 길이 좁으면 지나는 사람이 부딪치곤 하는데, 반도체 내에서도 회로가 좁으면 전류의 흐름에 영향을 끼치게 돼요. 이런 문제를 해결하기 위해 연구·개발하고 정밀한 장비를 사는 데 수십조 원이 들어요. 반도체 기업이 이익을 얻으려면 최대한 싸게 만들어서 최대한 비싸게 팔아야 해요. 그래서 잘 팔리지도 않는 비싼 반도체를 만드는 건 포기해야 했어요.

법칙과 상관없이 이루어지는 기술 개발

시간이 흘러 인공지능, 사물인터넷, 자율 주행 자동차, 로봇 등 새로운 기술이 등장하면서 그에 맞는 반도체가 필요해졌어요.

2021년 삼성전자는 드디어 1TB(테라바이트) 낸드 플래시메모리를 개발했고, 2022년에 양산(많이 만들어냄)을 시작했어요. 2030년까지 1000단까지 쌓은 낸드 플래시메모리를 개발하겠다는 목표도 세웠어요. 무어나 황의 법칙대로라면 2011년에 만들어졌을 테지만, 필요에 따라 훨씬 늦게 만들어진 거예요. 그사이 반도체 가격을 올리지 않으면서도 기술적인 문제를 해결할 방법을 찾아낸 것이지요.

전 세계 반도체 기업들은 회로가 좁아져도 전류가 원활하게 흐를 수 있는 기술을 발전시켰어요. 128단을 시작으로, 176단, 238단 등 반도체 셀을 쌓아 면적과 높이를 줄이면서도 집적도를 높여왔어요. 2024년에는 SK 하이닉스가 321단까지 쌓았어요. 무엇보다 이런 반도체가 필요한 제품이 다양해져서 기업이 이익을 얻을 수 있게 된 거예요.

공장을 짓기보다 회사를 사는 게 더 싸

반도체 기술은 까다로워서 인재를 모으기가 어렵고, 복잡한 공정마다 필요한 장비를 갖추고 소재를 제조하는 데도 시간이 걸려요. 그사이 다른 회사에서 신기술을 개발해 앞서나가면 경쟁에서 뒤처지기 마련이지요.

그래서 반도체 산업에서는 인수·합병이 자주 일어나요. 한마디로 돈을 주고 회사를 사는 거예요. '인수'란, 다른 회사의 주식과 경영권을 함께 사들이는 거예요. 물품이나 제품, 진행하고 있는 일 또는 사업, 주식 또는 기업 등을 절차에 따라 넘겨받는 것이므로 인수되더라도 회사는 남아 있어요. '합병'은 두 회사가 하나로 합쳐지는 것을 말해요. 즉, 한 회사가 다른 회사에 흡수되어 사라져요.

미국의 반도체 기업인 퀄컴은 2022년에 자율 주행 기술업체인 어라이버를 인수했어요. 퀄컴은 스마트폰, 태블릿, 스마트북 등을 위한 모바일용 시스템 반도체인 스냅드래곤을 개발한 회사예요. 반도체를 직접 생산하지 않고 설계만 하는 팹리스 회사이지요.

퀄컴이 다른 회사를 인수한 것은 스마트폰을 넘어 차량용 반도체도 개발해 더 많은 이익을 얻기 위함이에요. 퀄컴은 어라이버가 가진 기술을 활용하면 다른 자율 주행 관련 회사들을 제치고 앞서나갈 수 있다고 본 거예요.

어라이버는 합병된 게 아니라서 퀄컴에 흡수되지 않고 예전과 다름없이 존재해요. 다만 홈페이지에 “어라이버 제품은 퀄컴 또는 그 자회사의 제품입니다.”라고 표시하고 있어요.

다른 나라의 허락이 필요한 인수·합병

원한다고 해서, 돈이 많다고 해서 인수·합병이 되는 것은 아니에요. 퀄컴은 2018년에 네덜란드의 차량용 반도체를 공급하는 NXP라는 회사를 인수·합병하려 했어요. 하지만 중국의 승인을 받지 못해 취소됐어요. 미국 회사가 네덜란드의 회사를 인수·합병하려는데 왜 중국의 허락이 필요할까요?

반도체 기업의 경우 글로벌 공급망이라고 해서 복잡하게 얽혀 있어요. 이를테면, 미국의 기업에서 설계한 반도체를 생산은 대만에서 하고 후공정은 중국에서 하고, 이 반도체를 사서 TV나 스마트폰 같은 완제품을 만드는 것은 한국에서 하는 식이지요.

2018년에 미국과 중국의 경제 갈등이 시작됐는데, 미국이 차량용 반도체를 중국에 수출하지 않으면 중국의 자동차 회사는 전기차를 만들지 못할 수도 있었거든요. 그러면 그 회사는 망하거나 돈을 많이 벌지 못해서 중국 경제에 나쁜 영향을 끼칠 수 있었답니다.

그래서 기업과 기업이 인수·합병을 한다고 했을 때, 각 국가는 자국 입장에서 반도체가 안정적으로 공급되는지 확인해서 해당 기업에 인수·합병해도 되는지를 알려 줘요.

회사도 잃고 돈도 잃고

당시 퀄컴은 중국의 승인을 받지 못해서 합병이 취소됐을 뿐만 아니라, 2조 원에 달하는 위약금까지 내야 했어요. 인수·합병이 무산된 것도 속상할 텐데 돈까지 물어 주다니 참으로 이상합니다. '위약금'이란, 돈이 오고 가는 계약에서 약속을 지키지 못할 때 물어 주는 돈을 말해요.

인수·합병에 대해 승인이 늦어지거나 검토가 길어진다고 하면 회사의 가치가 떨어지게 돼요. 기업은 기업을 운영하는 데 필요한 자금을 구하기 위해 돈을 받고 주식을 팔아요. 회사를 경영하는 사람과 돈을 투자하는 사람이 다른 형태로, 주식회사라고 하지요. 주식회사의 경우, 회사의 가치는 주식의 가격인 주가에 반영돼요.

네덜란드의 회사가 미국의 거대 기업인 퀄컴에 인수·합병된다고 했을 때, 회사가 더 발전할 것으로 여겨져 주가가 올랐어요. 그러나 인수·합병이 무산되자 주가가 내려갔어요. 인수·합병할 때는 회사의 가치를 나타내는 주식 가격으로 비용을 내므로, 주가가 내려가면 인수·합병 대상이 되는 회사는 손해를 보는 셈이에요. 따라서 인수·합병이 취소되면 그 약속을 지키지 못한 것에 관해 위약금을 물어 줘야 한답니다.

돈도 많이 먹고 물도 많이 먹는 반도체 공장, 팹

7나노 공정에서 5나노 공정으로 수준을 높이는 데 무려 50조 원이나 든다는 걸 아나요? 이는 장비를 바꾸는 데 드는 비용일 뿐, 공장을 지으려면 이만저만한 돈과 노력이 드는 게 아니에요.

조 단위의 건설비 | 반도체 공장에는 공정마다 커다란 장비들이 수십 대씩 필요하므로 공장을 지을 땅이 매우 넓어야 해요. 2000억 원 정도 하는 장비를 포함해 공정마다 필요한 첨단 장비도 사야 해요. 반도체 제조 공장 건물, 반도체 생산에 필요한 가스와 화학물질 보관 건물, 사무실이 있는 건물, 직원들을 위한 주차용 건물 등에도 수십조의 비용이 필요해요.

2022년 삼성전자는 20년 동안 약 263조 원을 투자해 미국 오스틴에 11개의 새로운 반도체 칩 제조 공장을 건설하기로 했어요. 2024년에는 약 55조 원을 들여 텍사스주 테일러에 두 번째 반도체 공장을 건설하기로 발표했죠. 이 계획에 따르면, 오스틴에는 1만 개 그리고 텍사스에는 2만 1천 개의 일자리가 생긴다고 해요. 이들 직원을 위한 급여는 얼마나 될까요?

먼지와의 전쟁 | 나노 수준의 기술이 적용되려면 먼지 한 톨도 있어서는 안 돼요. 웨이퍼에 그려지는 회로의 간격보다 더 작은 먼지가 들어가면 전

류의 흐름에 문제가 생겨 불량품이 생기거든요.

먼지를 방지하기 위해 클린룸이 있어요. 필터를 통과한 깨끗한 공기가 천장에서 항상 나와요.

작업하는 사람들은 먼지를 막는 방진복을 입어요. 땀과 정전기까지 막는 최첨단 소재로 만들어진 옷과 달린 모자를 쓴 뒤 장갑, 덧신까지 착용하고 마스크도 써야 하지요. 화장품에 들어 있는 화학 입자가 들어가는 것도 막아야 해서 화장을 할 수 없어요. 눈만 빼꼼히 내놓아 여자인지 남자인지 구분되지도 않아요.

클린룸에 들어갈 때는 방진복을 입었음에도 바람으로 먼지를 씻어내는 에어샤워를 해야 해요.

물 먹는 하마 | 전공정에서 모든 작업 뒤에는 반드시 웨이퍼를 물로 씻어내야 해요. 식각 뒤에 남은 부스러기를 씻어내거나 이온 주입 뒤 표면에 남아 있는 이온을 씻어낼 때 물을 사용해요. 후공정에서도 웨이퍼를 연마할 때 물을 사용해요. 웨이퍼를 조각조각 잘라낼 때도 냉각수를 써요.

반도체 공장에서 쓰는 물은 이온을 제거한 물이에요. 반도체 제조 시 이온을 주입하는 공정이 있으므로, 물에 이온이 녹아 있으면 안 돼요. 그래서 반도체 공장은 물속 이온을 제거하는 장비도 갖춰야 해요.

하루도 쉬지 않는 반도체 공장 | 2021년 4월, 대만 TSMC 공장에서 정전이 일어나 차량용 웨이퍼를 생산하는 공장이 멈췄어요. 이 사고로 웨이퍼 3만~4만 장이 못쓰게 됐어요. 돈으로 환산하면 10억 대만달러로, 우리 돈으로는 432억 원이 넘어요. 사고의 원인은 가까운 공사 현장에서 지하에 묻혀 있던 전선 케이블을 손상한 탓이에요. 이 일로 반도체가 부족해지는 문제가 생길까 싶어 관련 업계가 바짝 긴장했다고 해요.

반도체 공장은 이런 정전 사고가 아니면 1년 내내 멈추지 않아요. 그것은 대만 TSMC의 경우처럼 한 번 멈추면 엄청난 손해를 보기 때문이에요. 반도체 제조 공정은 크게 8가지로 구분하지만, 세세하게 따져보면 수백 가지가 넘어요. 따라서 라인 하나만 정지하는 데도 2~3일이 걸려요. 반대로 다시 가동하는 데 2~3일이 걸리지요. 명절 하루 쉬겠다고 공장을 멈추면 7일 이상 제품을 만들어낼 수 없어요.

또 반도체 설비 하나 짓는 데 10조 원 정도 들어요. 여기에 투입된 기계 설비를 5년간 사용한다면, 하루에 50억 원을 쓰는 셈이에요. 즉, 하루에 50억 원어치 이상의 반도체를 생산해야 기업이 손해를 보지 않게 돼요.

중요한 건 신기술

2016년에 구글의 인공지능 알파고(AlphaGo)와 한국의 프로 바둑 기사 이세돌이 대결을 벌였어요. 알파고는 1202개의 CPU를 포함해 100만 개의 반도체로 이루어진 슈퍼컴퓨터예요. 상금 1백만 달러를 걸고 5번 진행됐던 이 대결은 4:1, 알파고의 승리로 끝이 났지요.

많은 반도체 기업은 인공지능이 개인 비서 역할을 하는 시대를 목표로 신기술을 연구·개발하고 있어요. 인간의 뇌를 훨씬 뛰어넘는 인공지능을 개발하려면 엄청난 연산 능력이 요구돼요. 이에 맞는 학습 정보도 저장되어 있어야 해요.

단위	기호	미터로 환산
센티미터	cm	1 / 100
밀리미터	mm	1 / 1000
마이크로미터	μm	1 / 100만
나노미터	nm	1 / 10억
피코미터	pm	1 / 1조
펨토미터	fm	1 / 1000조
아토미터	am	1 / 100경

초미세 공정 | 2025년 현재, 반도체 제조 공정 중 가장 앞선 기술은 반도체 회로 선폭을 뜻하는 3**나노**예요. 2022년에 삼성전자가 TSMC와 인텔을 제치고 세계 최초로 3나노 양산에 성공했지요.

반도체의 중요한 기능 중 하나가 스위치예요. 스위치를 켜고 끌 때 전류를 빠르게 연결하고 끊어야 하는데, 이를 위해서는 회로 간격을 줄이는 게 중요해요. 회로 간격을 줄여 적은 면적에 더 많은 회로를 그릴 수 있다면, 한 장의 웨이퍼에 더 많은 반도체를 생산할 수 있죠. 그러면 만드는 비용에 비해 생산량이 많아지므로 반도체 가격이 내려가게 돼요. 회로 간격이 좁을수록 전기를 덜 쓰고 정보처리 속도는 빨라지므로 저렴한 가격에 더 좋은 반도체를 팔 수 있어요. 당연히 경쟁사보다 앞설 수 있지요.

나노

인간의 눈으로 볼 수 있는 한계치는 100마이크로미터.

머리카락 한 올은 보통 50~100마이크로미터.
반도체에 그려진 회로는 10만 배 더 정밀하다.
1나노미터는 머리카락을 50~100만 개로 쪼갠 것을 뜻한다.

고층빌딩처럼 쌓기 | 회로 간격을 좁혀 반도체 크기를 줄였더니 전자가 새어나가기 시작했어요. 전자가 특정 방향으로만 이동해야 하는데 여기저기 튀어 나가는 거예요. 이는 저장된 정보를 읽지 못하는 문제로 연결돼요. 더는 회로 간격을 줄이는 게 어려워졌어요.

반도체 업체들은 고민 끝에 층층이 올려 높이 쌓기로 했어요. 층수만큼 저장용량이 늘고 속도는 2배 이상 빨라졌어요. 전기는 절반으로 쓰고, 수명은 2~10배 이상 늘었어요. 2024년 11월에 한국의 SK하이닉스가 321단

100평에 달하는 2층 주택을 짓기보다 20층짜리 아파트를 지으면 더 많은 가구가 살 수 있는 것과 같다.

낸드 제품을 내놓았어요. 이로써 더 빨리 데이터를 읽고 보낼 수 있어서 컴퓨터나 스마트폰 속도가 더 나아졌어요.

고층빌딩처럼 쌓아서 만드는 반도체는 HBM도 있어요. HBM은 데이터를 빠르게 전송할 수 있는 반도체로, 여러 개의 메모리 칩을 쌓아 올려 데이터를 주고받는 통로를 넓힌 거예요. 이로써 인공지능이 학습하고 연산하는 성능을 크게 향상할 수 있어요.

SK하이닉스가 개발한 321단 낸드 플래시와 HBM 반도체는 언뜻 비슷해 보여요. 321단 낸드 플래시는 메모리를 저장하는 셀을 쌓아 올린 것이므로 데이터를 더 많이 저장할 수 있어요. 반면, HBM은 데이터를 주고받는 통로가 넓어진 덕분에 저장된 데이터를 빠르게 전송할 수 있어요. 이 데이터로 연산하는 능력이 빨라져서 인공지능이 신속하고 정확하게 답을 찾아낼 수 있답니다.

인공지능은 스마트폰, 자동차, 컴퓨터 같은 기기에 포함되어 쓰일 뿐 아니라 의료, 금융, 교육, 교통, 보안 등 다양한 분야에서 활용되고 있어요. 인공지능을 활용하려는 노력이 지속되어 앞으로도 그 쓰임은 무궁무진하답니다. 따라서 HBM도 많이 쓰일 거예요.

HBM 반도체에서도 SK하이닉스가 앞서나가고 있어요. SK하이닉스는 2021년에 세계 최초로 HBM3를 개발했으며, 2023년에는 양산에 성공했어요. 삼성전자와 미국의 마이크론이 그 뒤를 잇고 있어요.

3진법 반도체 | 수도꼭지에 달린 호스에 구멍이 숭숭 뚫린 것처럼 새어 나온 전자를 신호로 활용하는 방법을 한국의 연구팀이 개발해냈어요.

컴퓨터는 바둑판처럼 작은 칸을 만들어 정보를 저장해요. 이 작은 칸을 '셀'이라고 하는데, 세포라는 뜻이지요. 생물체를 이루는 기본 단위인 세포에 그 생물체의 유전정보인 DNA가 들어 있는 것과 비슷해요.

셀 하나에 1비트를 저장하는 방식에서 이제는 셀을 쪼개서 4개까지 저장할 수 있게 됐어요. 그러나 정보를 많이 담을수록 수명이 짧아지는 단점이 있어요.

2진법에서는 전류가 꺼지거나(0) 켜진 상태(1)에서만 정보처리가 가능했는데, 3진법에서는 셀에 전류가 흐르지 않으면 0, 셀에 전류가 흐르면 1,

전류가 셀을 뚫고 지나가면 2로 정의해요. 3진법으로 하면 처리해야 할 정보의 양이 줄어 계산 속도가 빨라져요. 전기를 훨씬 덜 쓰게 되어 스마트폰을 1000일에 한 번 충전하면 될 것이라고 해요.

전자파 막기 | 전기를 사용하는 모든 전자제품에서는 전자파가 나와요. 특히 스마트폰은 뇌에 나쁜 영향을 줄 정도로 전자파가 많이 나온다고 해요.

전자파는 전자기기에도 문제를 일으켜요. 칩 크기가 작아질수록 전자파의 영향으로 주변 회로 기능에 문제를 일으켜 전자기기가 고장을 일으킬 수 있지요.

이에 전자파를 막는 기술이 중요해졌어요. 예를 들어, 애플은 애플워치에 들어가는 반도체의 표면에 아주 얇은 금속을 씌워 전자파를 차단했어요.

그러나 금속을 씌우면 반도체를 더 얇고 작게 그리고 가볍게 만들기 어려워서 스프레이 방식이 개발됐어요. 앞으로 또 어떤 기술이 등장할지 궁금해집니다.

그래핀의 등장 | 연필심에 들어 있는 흑연은 벌집 모양의 탄소 그물로 이루어져 있는데, 탄소 그물의 한 층을 '그래핀'이라고 해요. 2004년에 영국의 한 연구팀이 투명 테이프를 이용해 흑연에서 그래핀을 떼어내는 데 성공하면서 발견됐어요.

그래핀은 두께가 0.2nm로 얇고, 구리보다 전기가 100배 이상 잘 통해요. 강철보다 200배 이상 강해서 열에 잘 녹지도 않아요. 이런 장점들 때문에 실리콘을 대신할 반도체 소재로 관심받고 있어요. 아직은 연구 단계에 있지만, 반도체에 쓰인다면 세상에서 가장 작은 전자회로가 만들어질 거래요.

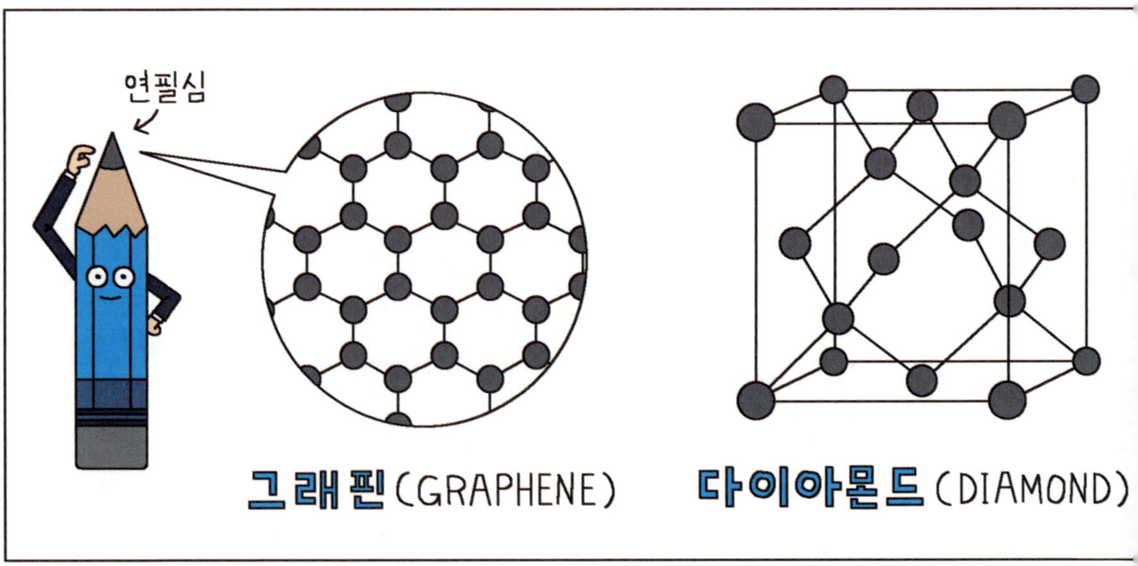

입을 수 있는 반도체 | 2022년 LG디스플레이에서 스트레처블 디스플레이를 선보였어요. 스트레처블 디스플레이란, 늘이고 접고 비틀 수 있는 차세대 디스플레이를 말해요.

광반도체인 디스플레이는 딱딱한 기판에 만들어져서 인체에 딱 맞고 몸의 일부처럼 사용할 수 있는 전자기기를 만드는 데 한계가 있었어요. 그러던 중 삼성전자가 자유자재로 늘어나는 9.1인치 스트레처블 OLED 디스플레이를, 일본이 두께가 1mm 정도로 얇고 신축성이 있는 '스킨 일렉트로닉스'를, 중국 BOE가 '기리가미'라는 스트레처블 디스플레이를 만들었

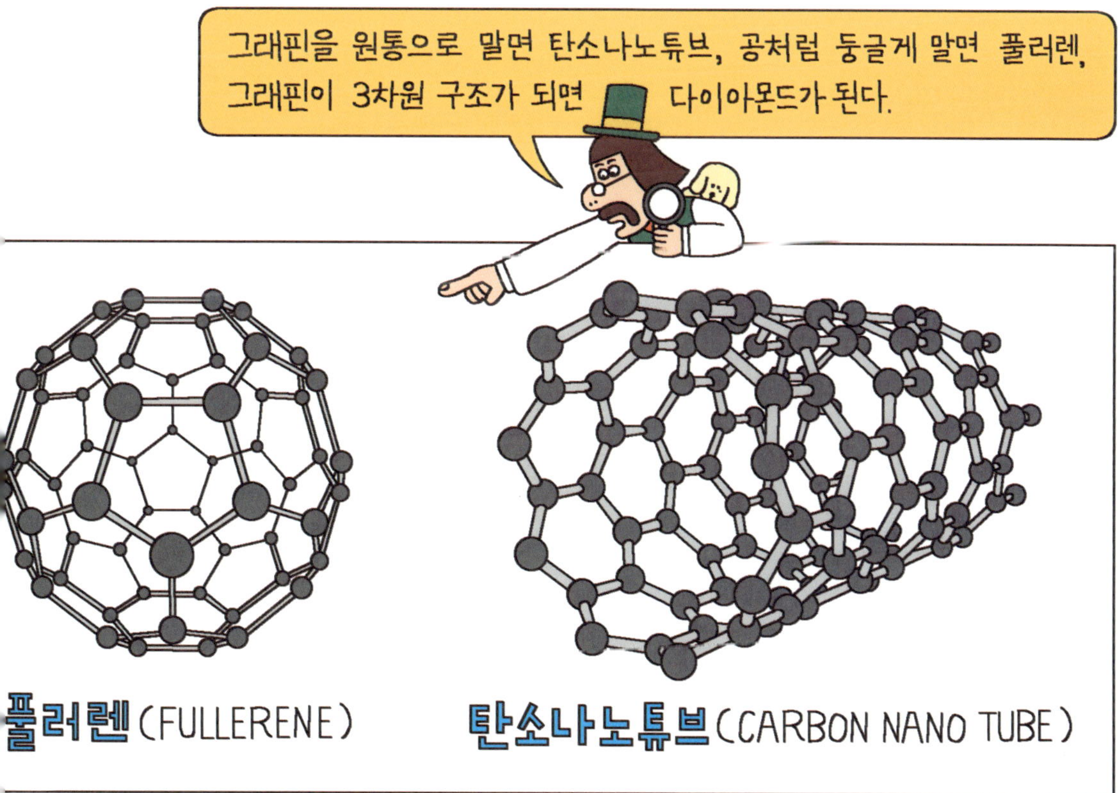

어요. 이들 제품은 스트레처블 디스플레이라는 이름이 붙어 있지만, 살짝 찌그러지는 정도예요.

LG디스플레이가 개발한 스트레처블 디스플레이는 늘리기, 접기, 비틀기 등 어떤 형태로도 자유롭게 바꿀 수 있어요. 12인치 화면이 14인치로 늘어나고 해상도도 높아 매우 선명하지요.

2025년에는 삼성전자가 화면이 늘어나는 노트북을 공개했어요. 이 노트북은 원래 14인치였는데, 화면을 늘리면 16.7인치로 커져요. 늘리는 것뿐만 아니라 최첨단 스트레처블 디스플레이 기술을 사용하여 부분적으로 볼록 튀어나오고 들어가는 효과도 낼 수 있어요.

영화에서 보듯이 옷처럼 입거나 피부에 붙이는 전자기기가 곧 나올 수도 있어요. 그때가 되면 스마트폰은 더는 필요 없을 거예요.

몸이 발전기 | 2021년에는 몸에서 나는 땀과 걷거나 달리는 동안 생기는 움직임으로부터 야금야금 에너지를 모아 전기를 만들어 공급하는 장치가 개발됐어요. 각 부품은 셔츠에 인쇄되어 구길 수도 있고, 세탁도 할 수 있어요.

이 장치가 **상용화**된다면, 몸속에 넣는 의료 장치를 사용해야 하는 심장병 환자나 당뇨 환자들에게는 좋은 소식이 될 거예요. 심장에 전기 자극을 가하는 심장박동기나 인슐린을 지속해서 공급하는 인슐린 펌프는 배터리로 작동하기 때문에 배터리를 새것으로 교체할 때마다 수술받아야 하거든요.

또, 머리카락이 자라도록 두피에 자극을 줄 수도 있으므로 머리카락이 빠져서 걱정인 사람들에게 도움이 될 수 있어요. 실제로 매우 약한 전기를 흘려보내 잠자는 모낭을 깨우고 모발을 자라게 하는 물질을 내뿜도록 하는 실험이 진행된 적이 있답니다. 아직은 쥐에 실험한 정도지만, 머지않아 탈모라는 증상이 사라질지도 모르겠어요.

상용화 : 일상적으로 쓰게 됨. 기술을 개발한 기업에서는 돈을 받고 팔 수 있게 됨을 뜻함.

06 반도체 1등 국가를 위한 수싸움

반도체 산업은 항상 경쟁이 치열해요. 기업이 망할 수도 있고, 나라가 위기에 처할 수도 있기 때문이에요.

치킨게임

'치킨게임'은 1950년대에 미국 젊은이들 사이에서 유행했던 담력 겨루기 게임이에요. 두 명의 경쟁자가 자동차로 마주 보고 돌진해 먼저 핸들을 꺾는 사람이 지는 거예요. 자동차로 겨루는데, 왜 치킨이라 할까요? 여기서 치킨은 닭이 아니라 '겁쟁이'를 뜻해요.

반도체 업계에서 치킨게임이 일어나면, 큰 손해를 입을까 겁을 먹은 기업이 먼저 물러나거나, 결국 모든 기업이 어마어마한 손해를 입는 상황이 일어난답니다.

1차 치킨게임 | 1971년에 미국의 인텔은 세계 최초로 D램을 개발했고, 전 세계 메모리 반도체 1위를 차지했어요. 그런데 1973년에 석유를 생산하는 아랍 산유국들이 원유 생산을 줄이고 가격을 올리자, 에너지 위기가 시작됐어요. 전 세계 각국의 경제는 혼란에 휩싸였지요.

이때 일본의 반도체 기업들은 투자를 줄인 미국을 상대로 치킨게임을 벌였어요. 일본의 반도체 기업들이 싼값에 D램을 공급하기 시작한 거예요. 1년 만에 D램 가격은 3달러에서 0.3달러가 됐어요. 당시 삼성전자가 D램을 만들 때 1개당 1.7달러의 비용이 들었는데, 하나를 팔 때마다 1.4달러를 손해 봐야 했어요. 한 해에 2800억 원을 손해 봐야 했지요.

결국 인텔은 D램 사업을 포기하고, 일본 기업들은 앞선 기술력을 내세워 15년간 D램 시장을 휩쓸었답니다.

2차 치킨게임 | 1990년대에 컴퓨터 생산이 늘면서 PC용 D램을 낮은 비용으로 많이 생산하는 게 중요해졌어요. 이때 삼성전자는 일본보다 기술은 좀 떨어지지만, 더 싼 가격에 더 많은 반도체를 생산했어요. 컴퓨터의 수명이 5년 정도이므로, 고품질의 D램을 쓸 필요가 없었죠. 당시 일본은 고품질의 D램을 고집하면서 이익을 내기가 어려웠어요.

1997년, 일본과의 경쟁에서 앞서가던 한국에 IMF 외환 위기가 닥쳤어요. 현대전자와 금성 반도체가 합병해 SK하이닉스가 세워지는 등 반도체 산업에도 변화가 시작됐어요. 이때 일본은 다시 선두에 서기 위해 여러 회사의 반도체 부문을 합쳐 엘피다라는 회사를 세웠어요. 많은 대만 기업이 반도체 산업에 뛰어들었어요.

반도체 산업에서 어느 정도 자신감이 생긴 대만은 2007년에 2차 치킨게임을 일으켰어요. 2008년 글로벌 금융위기까지 덮쳐 6.8달러이던 D램 가격이 0.5달러로 폭락했어요. 한국의 기업들은 큰 손해를 보면서도 같은 가격에 더 많은 용량을 저장할 수 있는 D램을 만들어 대응했어요.

결과적으로 모든 회사가 피해를 봤지만, 한국의 삼성전자와 SK하이닉스 그리고 미국 마이크론은 다른 기업보다 손해가 적어 2차 치킨게임의 승자가 됐어요.

치킨게임을 일으킨 대만의 반도체 기업들은 가전제품에 쓰이는 저렴한 D램 생산에 집중하기로 했어요. 일본의 엘피다는 망했고, 미국 기업에 인수됐어요. 이때부터 일본은 반도체 생산보다는 소재·부품·장비 중심으로 반도체 관련 산업을 이어나가게 됐답니다.

중국을 향해 쌓은 벽

10년 넘게 치킨게임 없이 한국의 삼성전자와 SK하이닉스, 미국의 마이크론이 앞서거니 뒤서거니 하고 있어요. 그러나 국가 간 경쟁은 더욱 치열해졌어요.

과거 미국은 중국이 세계 속에서 성장하도록 도왔어요. 그 결과 중국은 세계 2위의 경제 대국이 됐어요. 경제가 급성장한 중국은 미국을 제치고 세계 최고가 되기 위해 가장 강력한 제조 국가가 되겠다고 했어요. '중국 제조 2025'을 내세우고는 반도체 굴기를 선언했어요.

2022년 여름까지만 해도 첨단 반도체 제조 수준인 14나노를 넘어 7나노까지 성공해 부지런히 한국과 미국을 따라잡는 듯했어요. 하지만 중국의 반도체 굴기는 위기에 처했어요.

미·중 무역 분쟁 | 중국은 반도체 기술을 얻기 위해 수단과 방법을 가리지 않았어요. 중국에 진출하려는 외국 기업에 강제로 기술을 중국에 넘기라고 요구했어요. 중국 기업에만 보조금을 지급해서 외국 기업과의 경쟁에서 유리하도록 도왔어요. 한국과 대만의 반도체 기업에서 실력 있는 기술자를 높은 연봉으로 스카우트하는가 하면, 돈을 주고 핵심기술을 몰래 빼돌리게 했어요. 해킹으로 반도체 기술을 훔치기도 했지요. 그 결과 인공지능, 슈퍼컴퓨터 등에 쓰이는 고성능 연산 반도체를 만들어내고, 메모리

반도체를 수출하는 국가가 됐어요.

중국의 추격에 위협을 느낀 미국은 자국의 반도체 기업의 설계도를 훔치고, 석유를 거래하면서 위안화로 지급해 달러 중심의 질서를 무너뜨리려는 등 중국이 미국에 손해를 일으키고 있다며 중국산 수입품에 관세를 매겼어요. 특히 반도체와 관련해 특정 기업과 주요 장비를 중심으로 제한을 두거나 금지하는 등 제재를 가하며 미국과 중국의 무역전쟁이 시작됐어요.

위기의 대만 반도체 | 2019년에 중국은 극초음속 미사일이라 주장하는 '둥펑-17'을 만들고 대만을 향해 배치했어요. 한두 시간이 걸려야 목표물에 도달하는 보통의 미사일과 달리 극초음속 미사일은 몇 분이면 날아가므로 절대 막을 수 없는 무기라고 해요. 이렇듯 중국은 반도체 기술을 무기를 만드는 데도 쓰고 있었던 거예요.

중국은 '하나의 중국'을 원칙으로 내세우고 있어요. 중국과 홍콩, 마카오, 대만은 나뉠 수 없는 하나라는 뜻이지요. 중국은 통일을 목표로 하면서 전 세계 반도체 공급망에서 중요한 역할을 하는 세계 최고의 반도체 파운드리 공장인 TSMC를 호시탐탐 노리고 있어요.

이런 중국이 무력으로 TSMC의 기술과 시설을 차지한다면 어떻게 될까요? 툭하면 치킨게임을 벌여 전 세계 반도체 기업을 망하게 할지도 몰라요. 첨단 반도체가 들어간 무기를 만들어 중국에 유리하도록 주변 국가들을 위협하고 간섭할 거예요. 당연히 전 세계는 이런 일이 일어나는 것을 걱정하고 있어요.

미국은 중국이 첨단무기를 만들지 못하게 원천기술을 막고 있어요. 특정 제품이나 부품을 만드는 데 기초가 되는 기술을 '원천기술'이라고 해요. 미국은 반도체 제조, 장비 등에 원천기술을 많이 가지고 있어요. 원천기술이 새어나갈까 봐 슈퍼컴퓨터, 메모리 반도체에 쓰이는 반도체 장비가 중국에 수출되는 것도 막고 있어요.

칩4 동맹 | 반도체 산업에 가장 중요한 기술들은 미국과 미국의 동맹국들이 가지고 있어요. 미국은 이 기술들이 중국의 손에 들어가는 것을 막고자 칩4 동맹을 추진하고 있어요.

칩은 반도체를 말하고, 4는 한국, 미국, 대만, 일본의 4개국을 뜻해요. 한국은 메모리 반도체, 미국은 원천기술, 대만은 비메모리 반도체, 일본은 반도체 장비에서 으뜸이에요. 칩4는 이들 국가가 협력 관계를 맺어 반도체를 안정적으로 생산하고 공급하게 하려는 거예요.

일본과 대만은 칩4 동맹에 가입하겠다고 했어요. 한국은 중국의 보복으로 경제에 심각한 문제가 생길까 봐 신중하게 살피고 있어요.

CHIP 4

복잡한 반도체의 미래

반도체와 같은 첨단 과학기술은 아무리 돈을 많이 투자해도 기술과 경험이 부족하면 하루아침에 성과를 낼 수 없어요. 중국을 보면, 자국의 이익만 추구해서는 절대 앞서 나갈 수가 없다는 것도 알 수 있어요.

중국은 지난 40여 년 동안 빠르게 발전해 왔지만, 세계 2위의 경제 대국이라는 힘만 믿고 전랑 외교를 해왔어요. '전랑'이란 늑대 전사라는 말로, 늑대처럼 공격적이고 전투적으로 다른 나라를 상대하는 것을 뜻해요. 세계는 중국이 순한 양처럼 국제 질서를 따르는 척하면서 뒤로는 교활한 늑대처럼 굴고 있다고 여기고 있어요.

2023년 8월, 미국의 제재 속에서도 중국의 화웨이는 7나노 반도체로 작동되는 새 스마트폰을 출시했어요. 초미세 공정에 쓰이는 장비 없이도 7나노 반도체를 만들어내 세계를 깜짝 놀라게 했지요. 이듬해 4월에는 중국 최대 파운드리 업체인 SMIC가 5나노 반도체도 생산해냈어요.

다만, 하나의 웨이퍼에서 멀쩡한 반도체 칩을 많이 생산하지 못하므로 반도체 가격이 비싸요. 다른 나라와 경쟁이 되지 않지요.

그러나 중국이 스스로 장비와 기술력, 부품 등을 해결하면, 그동안 중국에 반도체를 팔아왔던 해외 기업들은 더는 그만큼 이득을 볼 수 없게 돼요. 기업들은 물론 다른 나라의 경제에 손해가 돼요.

중국은 아직 7나노가 최첨단 기술이지만, 자체 기술을 키우기 위해 노력한 끝에 인공지능용 반도체 기술에서는 세계 수준으로 뛰어올랐어요. 미국은 제재하기 전에도 중국이 반도체를 무기에 사용할 것을 걱정했는데, 이제는 뛰어난 인공지능 반도체를 만들어 군사용으로 사용할까 봐 감시 중이에요.

갈수록 반도체 업계에 어떤 일이 벌어질지 예측하기가 어려워지고 있어요. 다만, 반도체 업계에 문제가 생기면, 전 세계의 경제, 국방뿐 아니라 우리의 일상에도 커다란 영향을 미칠 거라는 건 분명해요.

인공지능에 물어본다면?

너무 작거나 잘 숨겨져 있어 눈에 띄지 않을 뿐 우리는 평균 140개의 센서에 둘러싸여 있어요. 지금 이 순간에도 반도체에 관한 연구·개발, 투자가 이루어지고 있지요. 머지않아 개수를 셀 수 없을 만큼 많은 반도체에 둘러싸일 거예요. 그때를 위해 반도체 경쟁에 뛰어든 기업들은 기술을 훔치고 빼앗고 치킨게임을 하면서까지 치열하게 다투고 있어요.

과연 반도체가 가득한 미래를 위해 우리 인간이 잘하고 있는지 반도체가 탑재된 인공지능에게 물어본다면 인공지능은 뭐라고 답할까요?

여러분은 어떻게 생각하나요?

반도체 관련 상식 퀴즈

01 '원소'는 모든 물질을 이루는 기본 성분으로, 화학적인 방법으로 더는 쪼갤 수 없는 순수한 물질을 말해요. (○, ×)

02 고무나 유리처럼 열이나 전기를 잘 전달하지 아니하는 물체를 ____________ 라고 해요.

03 전자제품의 부품으로 쓰이는 반도체의 진짜 이름은 'IC(집적회로)' 또는 '칩'이에요. (○, ×)

04 칩을 만드는 반도체 물질은 바다에서만 구할 수 있어요. (○, ×)

05 진공관을 사용한 최초의 컴퓨터는 ____________이에요.

06 '소자'는 반도체 같은 전자회로나 비슷한 장치에 주로 쓰이는 것으로 제각각 기능이 있는 부품을 말해요. (○, ×)

07 컴퓨터가 처리하는 정보량의 가장 작은 단위는 '비트(bit)'예요. (○, ×)

08 후공정은 반도체 물질로 만든 둥근 기둥을 얇게 자른 원판에 갖가지 소자를 얹어 집적회로를 만드는 것까지를 말해요. (○, ×)

09 주로 모래에서 뽑아낸 규소로 만든 둥근 원판을 ____________라고 해요.

10 회로가 그려지지 않은 웨이퍼는 전기가 통하지 않는 부도체예요. (○, ×)

11 회로를 웨이퍼에 옮길 때 필름 카메라처럼 사진을 찍고 필름에 옮겨진 것을 종이에 인화하는 것과 비슷해 '산화 공정'이라고 해요. (○, ×)

12 부식액을 뿌려 회로만 남기고 필요 없는 부분을 없애는 과정을 '식각 공정'이라고 해요. (○, ×)

13 집적된 반도체 소자를 작동시키려면 전기를 연결해야 해요. (○, ×)

14 후공정은 가볍고, 얇고, 짧고 작게 만드는 게 목표예요. (○, ×)

15 불량품이 되는 걸 막기 위해 반도체와 기판이 붙어 있는 부위를 일일이 눈으로 확인했기 때문에 반도체는 빨간색으로 만들어졌어요. (○, ×)

16 '롬'은 속도가 빠른 대신 전원이 끊기면 정보가 사라져요. (○, ×)

17 '플래시메모리'는 램처럼 손쉽게 정보를 지우고 쓸 수 있으면서도 저장된 정보는 지워지지 않아요. (○, ×)

18 운전자가 운전하지 않아도 스스로 움직이는 자동차를 ________________ 라고 해요.

19 디지털카메라는 필름 없이 이미지 센서를 사용해요. (○, ×)

20 '사물인터넷'이란, 사물에 센서와 통신 기능을 달아 인터넷에 연결하는 기술을 말해요. (○, ×)

21 반도체를 만드는 전문 회사를 ____________라고 해요.

22 포토레지스트는 반도체 공정 중 회로 모양을 빛으로 반복해서 찍어내는 노광 공정에 꼭 필요한 소재예요. (○, ×)

23 반도체 산업에서는 인수·합병이 자주 일어나요. (○, ×)

24 반도체를 만들 때 웨이퍼에 그려지는 회로의 간격보다 더 작은 ________ 가 들어가면 전류의 흐름에 문제가 생겨 불량품이 돼요.

25 반도체 공장에서 쓰는 물은 이온을 제거한 물이에요. (○, ×)

정답

01 ○ 02 부도체 03 ○ 04 × 05 에니악 06 ○ 07 ○ 08 × 09 웨이퍼
10 ○ 11 × 12 ○ 13 ○ 14 ○ 15 × 16 × 17 ○ 18 자율 주행 자동차
19 ○ 20 ○ 21 파운드리 22 ○ 23 ○ 24 먼지 25 ○

반도체 관련 단어 풀이

감도 : 필름이나 인화지가 빛을 느끼는 정도.

고대역폭 : 많은 양의 데이터를 빠르게 전송하는 것.

고성능 : 아주 뛰어난 성질이나 기능을 가지고 있는 것.

기판 : 전자기기 안에 들어가는 작은 판. 기판 위에 있는 선을 통해 전기가 이동하며, 다양한 전자부품들이 서로 통하게 함.

나노미터 : 빛의 파장같이 짧은 길이를 나타내는 단위. 1나노미터는 1미터의 10억분의 1이다. 기호는 nm.

노광장비 : 빛을 이용해서 반도체 칩 위에 아주 작은 그림이나 선을 그려 넣는 아주 중요한 장비.

D램 : 용량이 크고 속도가 빨라서 컴퓨터의 주력 메모리로 사용되는 램으로, 정보를 임시로 저장하고 처리하는 역할을 함.

마이크로미터 : 미터법에 따른 길이의 단위. 1마이크로미터는 1미터의 100만분의 1.

발광다이오드 : 전기를 흐르게 하면 빛을 내는 작은 전자부품. 전기가 특별한 금속으로 만들어진 부분을 지나면 빛이 나옴.

베르셀리우스 : 스웨덴의 화학자. 원소들이 얼마나 무거운지 계산하고, 원소들이 어떻게 결합하는지를 연구함. 오늘날 우리가 사용하는 수소(H)와 산소(O) 같은 원소 기호들을 만듦.

병렬 : 정보가 담긴 셀을 한 번에 여러 개 읽거나 쓸 수 있게 나란히 연결된 것.

부식액 : 금속을 녹여서 약해지게 만드는 특별한 액체.

소자 : 전자기기를 만들기 위해 필요한 작은 부품들.

식각 : 약품을 써서 유리나 금속 등에 새기는 것.

알파고 : 구글의 딥마인드라는 회사가 만든 인공지능 바둑 프로그램. 컴퓨터가 바둑을 잘 둘 수 있도록 도와줌.

연마 : 돌이나 쇠붙이, 보석, 유리 등을 갈고 닦아서 표면을 반질반질하게 하는 것.

용량 : 반도체가 얼마나 많은 데이터를 저장하거나 처리할 수 있는지를 말함.

원소주기율표 : 지구에 있는 다양한 원소들을 잘 정리해 놓은 표. 이 표를 보면 원소들이 어떤 성질을 가졌는지 쉽게 알 수 있음.

잉곳 : 높은 온도로 녹인 규소로 만든 실리콘 기둥.

전극 : 전기가 드나드는 곳. 전류가 나오는 곳을 양극, 전류가 들어가는 곳을 음극이라 함.

종대 : 세로로 나란히 줄을 서는 것.

직렬 : 정보가 저장된 셀들이 한 줄로 연결되어 있어서, 한 셀에서 데이터를 읽거나 쓰면 그다음 셀로 차례로 이동하면서 데이터를 처리하는 것.

척력 : 같은 종류의 전기나 자기를 가진 두 물체가 서로 밀어내는 힘.

천공카드 : 정보를 저장하고 읽기 위해 작은 구멍이 뚫린 카드. 카드에 구멍을 뚫어 특정 숫자나 글자를 나타냄.

파스칼 : 프랑스의 수학자이자 과학자. 물리학 기초인 '파스칼의 원리'를 만들고, 컴퓨터의 전신인 전자계산기를 발명함.

플래시메모리 : 롬(ROM)처럼 전원이 끊겨도 기억된 내용이 지워지지 않으면서 입력과 수정이 쉽도록 개발된 빠른 속도의 기억 장치.

회로 : 전기가 흐르는 길. 이 길을 통해 전기가 필요한 곳으로 흘러가서 불도 켜고, 컴퓨터도 작동하게 됨.

횡대 : 가로로 나란히 줄을 서는 것.